文庫ぎんが堂

あらすじとイラストでわかる
戦争論

知的発見！探検隊

イースト・プレス

まえがき

勝ち抜くための『戦争論』

激動の時代に書かれた『戦争論』

書名のとおり、『戦争論』は〝戦争〟について論じられており、著者はカール・フォン・クラウゼヴィッツという名の軍人だ。

『戦争論』が成立する前後の西ヨーロッパは激動の時代を迎えていた。それまで当たり前とされてきた国家観や思想がくつがえるなど、変化の波が次々と押し寄せ、翻弄されたヨーロッパ各国は戦争をくり広げていく。その過程で、戦争のあり方や方法なども大きく変わっていった。

その移り変わりをプロイセン王国（現在のドイツ）の軍人という立場で体感していたクラウゼヴィッツは、戦争に関する考察を書き残すことにした。これが『戦争論』が生まれた大まかな経緯だ。自身が参加した戦争において敗者となり、捕虜の身になった経験も大きいだろう。

現代社会でも応用可能な理論

クラウゼヴィッツの死後、間もなくして『戦争論』が刊行されると、その内容は各国の軍人を中心に支持されていき、クラウゼヴィッツの評価は高まった。

このように支持されたのは、『戦争論』にはただ単に戦争に勝つための方法だけでなく、史実を踏まえながら理論的に戦争について深く考察されているからだ。たとえば、「そもそも戦争とは何か」「戦争はなぜ起こるのか」といったことにもおよぶ。これら戦争の本質を突いた数々の理論は、「国家VS国家」という近代における戦争の枠組みを超えて、「集団VS集団」「個人VS個人」といった現代社会における争いが生じる場での応用も可能だ。

また、戦争は勝つことだけが目的ではなく、「どうすれば負けないか」といった答えも『戦争論』から読み取ることができるだろう。それは、クラウゼヴィッツが「攻めることよりも守ることのほうが強い」と論じていることからもわかる。

クラウゼヴィッツの生涯をはじめ、『戦争論』のよりくわしい内容については、この本を読んで知ってほしい。そうして、『戦争論』に書かれている理論を自分なりに取り入れて、ぜひ生活に役立ててほしい。

あらすじとイラストでわかる戦争論　目次

Part.3 状況を分析して過去に学ぶ

Part.1
名著とされる『戦争論』

『戦争論』はなぜこんなに有名なのか

軍学書の名著として

『戦争論』は、19世紀前半にプロイセン王国（現在のドイツ）出身の軍人だったカール・フォン・クラウゼヴィッツによって著された軍学書である。

その中には、クラウゼヴィッツがみずからの経験をもとにして、戦争に含まれる社会性や政治的な要素を見出して分析し、科学的に理論化してまとめられている。

『戦争論』のほかにも、戦争をあつかった書物は数多く存在している。たとえば、紀元前6世紀～紀元前5世紀の中国の軍事思想家である孫武《そんぶ》が著したとされる兵法書『孫子』や、16世紀前半のイタリアの政治思想家であるマキャヴェリが著した『戦術論』や『君主論』がよく知られている。

そうした書物と肩を並べて、『戦争論』が名著とされている主な理由をあげると、理論的に「戦略」と「戦術」

を明確に初めて区分した、近代という時代に応じた軍隊のあり方について考察しているからだ。

さらに、数値化できないことから、それまで軽んじられていた「精神力」の重要性について踏み込んでいることも、『戦争論』が初めてである。

戦争をあつかった主な名著

紀元前6世紀～紀元前5世紀
孫武
兵法書『孫子』

16世紀
マキャヴェリ
軍学書『戦術論』
近代政治学の書『君主論』

19世紀
クラウゼヴィッツ
軍学書『戦争論』

軍学書の枠に収まらない内容

軍事学の理論書である『戦争論』だが、その内容は軍事を通して、歴史や政治といった分野も考察していることから、単なる用兵の指南書ではない。

歴史の面から見ると、ナポレオン・ボナパルトの軍事的な記録としての価値がある。クラウゼヴィッツと同時期に生きたナポレオンは、近代的な軍隊を生み出し、フランス皇帝に即位して、プロイセンを含めた西ヨーロッパ一帯を征服した天才的軍人である。

プロイセン軍に属していたクラウゼ

ヴィッツは、このナポレオンに勝つため、プロイセン軍を近代化するために戦術や軍組織などについて研究した。

その集大成である『戦争論』は、フランス軍と戦った経験も踏まえており、ナポレオンとの戦争における資料としても重要なのだ。

『戦争論』は政治書としても読まれている。戦争とは政治目的を達成するための外交交渉の延長である、クラウゼウィッツが本書で論じているからだ。

『戦争論』は戦争理論という枠にとらわれない、より広範な知識を含んでいるのである。

闘争はいつの時代でも

クラウゼヴィッツは、戦争の本来的な意義は「闘争」であると『戦争論』の中で述べている。闘争は、複数の人がいて、人間関係が存在する以上、避けることはできない。

太古の昔から人々は争ってきた。アフリカ大陸のヌビア砂漠で見つかった、約1万5000年前の旧石器時代の人骨には、武器で殺傷された痕《あと》が残っていた。

それから1万年以上にわたって、人類は世界のあちこちで闘争を続け、世紀の現代においても闘争は行われている。

受験や企業のシェア獲得なども闘争といえるだろう。そして、その闘争が生み出す1つの形が〝戦争〟だ。起こる原因は、経済的要因、人種や信仰対象の違い、イデオロギーの不一致、領土争い、などさまざまだ。

時代が進んで、文明がどんなに発達しても、人類が存在する限り、闘争はなくならない。つまり戦争の根底には、闘争という概念が含まれており、闘争という概念こそが、戦争の本質でもあるのだ。

現在でも通用する概念

クラウゼヴィッツが生きた時代から現代に至るまで、戦車や飛行機、潜水艦、ミサイルなどといった軍事技術が生み出され、無線通信などの情報技術の発達もあった。それにともなって、『戦争論』の内容には時代遅れともとらえられる部分が散見される。

かといって、『戦争論』でクラウゼヴィッツが追求した概念は時代を超え、現代社会でも通用するものだ。だからこそ、『戦争論』は現代まで多くの人に支持され、読みつがれているのだ。

クラウゼヴィッツの生涯

生涯の師との出会い

クラウゼヴィッツは、1780年にプロイセン王国のマクデブルク（現在のドイツのザクセン・アンハルト州都）近郊で、ポーランド系ドイツ人の徴税官の家に生まれた。

12歳でフェルディナント親王歩兵連隊に入隊し、軍人としての道を歩み始める。1801年には王都のベルリンの士官学校に入学し、生涯の師となる教官だったシャルンホルストと出会う。そのもとで、歴史を重視し、イデオロギーにとらわれない、政治や社会、戦争などの新しい価値観を教わった。

1803年、士官学校を首席で卒業したクラウゼヴィッツは、シャルンホルストの推薦でプロイセン王のフリードリヒ2世の甥にあたる、アウグスト親王の近衛大隊の副官に着任した。その翌年には、貴族出身で宮中の女官だったマリーと婚約している。

敗北でとらわれの身に

このころ、西ヨーロッパ圏はフランス皇帝へと即位したナポレオン・ボナパルトによる征服活動の最中にあった。イタリア半島に存在した国々や、オーストリア、そのほか数々の国が、ナポレオン率いるフランス軍の前に敗れ、降伏する。

そして、ナポレオンは、プロイセンにも食指を動かす。1806年10月、ロシアと軍事同盟を結んだプロイセンは、進軍してきたフランス軍を迎え撃つ。これは、イエナ・アウエルシュ

タットの戦いと呼ばれている。

戦争の結果、プロイセン軍は大敗。近衛大隊の一員として戦闘に参加していたクラウゼヴィッツはアウグスト親王とともに捕虜となり、フランスで抑留生活を送ることになった。このときの実戦経験が、のちに『戦争論』を書くきっかけとなる。

フランスとの間で講和が成立し、1年後に解放されたクラウゼヴィッツは、フランスの占領下にあったベルリンへと帰還した。

1809年、シャルンホルストを中心としてプロイセン軍が建て直されることになるとそれに参加し、軍組織の近代化に着手する。その中身はそれまでの「国王の軍隊」から、フランスのような「国民の軍隊」への転換をはかってのものだ。

さらに、体罰の禁止や平民出身者の将校への登用、軍幹部を養成するための陸軍大学の創設などが次々と実行されていく。

なお、軍隊の再建に従事するかたわら、クラウゼヴィッツは、プロイセン王太子の軍事学講師も務めている。また1810年には、クラウゼヴィッツはマリーと結婚している。

祖国を離れてロシアへ

軍隊の再建が順調に進む中、ロシアへの遠征を企てたナポレオンが、プロイセンもロシア遠征に参加するよう要求してくる。

これに対して、シャルンホルストとともにクラウゼヴィッツは反対の立場をとったが、プロイセン王は軍隊の再建を中止させたうえ、フランスと軍事同盟を結び、出兵を決めてしまう。

国王の方針に落胆したクラウゼヴィッツは除隊すると、伝手を頼ってロシア軍に入隊し、将校となる。これ以上フランスが強大になれば、愛する祖国は滅亡してしまうという危惧から、あえての行動だったという。

ロシア軍に入ったものの、外国の出身者であり、ロシア語が話せなかったクラウゼヴィッツは要職にはつけなかった。

ただし、そのおかげで客観的な立場から、ロシア軍とフランス軍との戦いを観察することになる。

祖国への帰還

1812年からナポレオンのロシア遠征が始まり、破竹の勢いでロシア領の奥深くへと侵攻していく。しかし、ロシアの帝都モスクワに到達した際、寒波が到来し、ロシア軍の反攻にあうなどして、一転してフランス軍は撤退を余儀なくされ、ロシア遠征は大失敗に終わった。

　この結果を受けて、プロイセンはフランスとの同盟を破棄し、ロシアと手を組む。クラウゼヴィッツは、その仲介にあたったといわれている。

　クラウゼヴィッツはこれを機にプロイセンへと帰還するも、祖国を捨てたというレッテルを貼られ、軍に復帰することはかなわなかった。

ナポレオンとの戦い

　ロシア遠征の失敗に端を発し、それまでいやいやナポレオンに従順な姿勢を見せていたヨーロッパ各国が反旗をひるがえしていくことになる。

　プロイセンは1812年、フランス

に宣戦布告して、各地で解放戦争が始まった。

クラウゼヴィッツもこの戦争に参加した。そして、奇襲によって1500名のフランス兵を捕虜にしたことで、プロセイン軍への復帰がようやく認められる。

その喜びも束の間、翌1813年6月、戦場での銃傷がもとでシャルンホルストが命を落とし、クラウゼヴィッツは生涯の師を失うことになる。

その後、1814年にプロイセン軍を含む対フランス連合軍は、フランスの帝都であるパリへ入城し、解放戦争は終わった。敗れたナポレオンは退位に追い込まれ、パリを追放された。

しかし翌年、パリへともどったナポレオンが軍隊を興したため、プロイセンをはじめ、ロシア、イギリスの連合軍が迎え撃つ。この戦いはワーテルローの戦いと呼ばれる。

このとき、クラウゼヴィッツはプロイセン軍第3軍団参謀長という立場にあったが、第3軍団は直接戦いに参加することはなかった。

戦いは連合軍が勝利し、ナポレオンは南大西洋に浮かぶ小島へと流され、その地で生涯を閉じる。

死後になって刊行

ワーテルローの戦いから3年が経過した1818年、クラウゼヴィッツは少将にまで昇進し、ベルリンにある陸軍大学校の校長に任命される。

とはいえ、職務は事務作業ばかりで、午前中に業務が終わる閑職であった。

そこで、午後からの余った時間を執筆活動にあて、マリーも口述筆記で執筆活動を手伝った。

1830年、近隣国のポーランドで独立運動の機運が高まると、その影響が伝わることを恐れたプロイセンは、第4東方軍団を設立する。

そして校長職を辞任したクラウゼヴィッツは、その第4東方軍団の参謀長に任ぜられた。その翌年の11月16日、国内で流行していた疫病にかかり、51歳で急死してしまう。

退役後にじっくりと執筆活動に取り組もうと考えていたことから、クラウゼヴィッツの書き進めていた原稿は未完のまま残されてしまう。

だが、この原稿は、マリーをはじめとした関係者の手で編纂され、1832年に出版される。これが後世において名著とされる『戦争論』だ。

クラウゼヴィッツの生涯年表

西暦	クラウゼヴィッツの略歴
1780	プロイセン王国の徴税官の家に生まれる
1801	ベルリンの士官学校に入学する
1806	イエナ・アウエルシュタットの戦いで敗れる
1807	捕虜の身から解放され、帰国する
1810	マリーと結婚する
1812	プロイセン軍を除隊し、ロシア軍に入隊する
1814	プロイセン軍への復帰が認められる
1818	陸軍大学校の校長に着任する
1821	軍事学の研究を本格化させる
1830	校長職を辞任し、部隊に転属となる
1831	疫病に感染し、死去する
1832	『戦争論』が刊行される

西暦	ヨーロッパのできごと
1789	フランスで革命が起こる
1804	ナポレオンがフランス皇帝となる
1806	神聖ローマ帝国が解体される
1807	フランスとプロイセンが講和条約を結ぶ
1810	ロシアがフランスと敵対関係に陥る
1812	ナポレオンのロシア遠征が失敗に終わる
1814	ナポレオンが退位する
1815	ナポレオンが復位するもすぐ退位する
1821	ナポレオンが死去する

『戦争論』はなぜ書かれたのか

フランス革命が変えたもの

『戦争論』が出版された当時の時代背景を見ていこう。

18世紀半ば、現在のドイツが成立する以前、その地域一帯にはオーストリア公国をはじめ、プロイセン王国やバイエルン王国など大小さまざまな国が存在し、神聖ローマ帝国という1つの国を構成していた。

そんな中、1789年に起こったフランスでの革命を機に、時代は大きく動き出す。10年におよぶ革命の間にフランスは王政から共和政へと移行する。それにあわせて、貴族階級に代わり上流階級の市民らが国の実権を握る。

いわゆる、このフランス革命に対して、オーストリアやプロイセンといった周辺の君主国家は、自国に革命の波がおよぶことを恐れる。そこで、プロイセンとオーストリアは手を組み、フランスへ連合軍を送り込む。

開戦して数戦こそ連合軍が勝利するも、ヴァルミーという地での戦いにおいて連合軍は敗退する。ヴァルミーでの戦いに続く戦いでもフランス軍は連合軍に勝利する。

連合軍の上級士官は貴族が務め、その下のプロの軍人（職業軍人）を指揮していた。ただし、他国の土地や資源を奪うといった軍事目的もなく、兵士の多くは外国人の傭兵であったため、連合軍の士気は低かった。

一方、自国を守るという意識を持ったフランス軍の士気は高く、このことがフランス軍の勝因の1つとなった。『戦争論』が精神力を重視しているのは、この戦いの結果にクラウゼヴィッツが影響を受けたからでもある。

1793年には、フランスで正式に徴兵制が導入される。貴族出身でなくとも、才能があれば上級士官になれるという新たな軍事制度は、ヨーロッパのほかの国々でも採用されていくことになる。

ナポレオンの台頭と失権

革命で混乱が続くフランスで、1人の軍人が内乱を鎮圧して、名をあげる。これが、のちにフランスの皇帝となるナポレオンだ。

　ナポレオンは1769年、フランス領だったコルシカ島で下級貴族の家に生まれた。成長したナポレオンは軍人としての道を選択し、豊かな才能に加え、運にも恵まれて昇進していく。

　指揮官としてフランス軍を率いるようになったナポレオンは、ヨーロッパ諸国との戦いに次々と勝利し、国民の支持を背景として、権力基盤を固めていった。そして、1804年に皇帝に即位した。

　その翌年、フランス軍がオーストリア軍を打ち破ると、1806年に神聖ローマ帝国は消滅し、当時ヨーロッパ屈指の精強さを誇ったプロイセン軍に、フランス軍が勝利する。この戦いにクラウゼヴィッツも参加しており、フランスの捕虜となっている。

　その後、プロイセンはフランスと講和条約を結ぶも、プロイセンにとって圧倒的に不利な内容であった。

　順風満帆だったナポレオンだったが、1812年のロシア遠征に失敗して数十万の将兵を失うと、国民の求心力が低下する。

　一方、フランスと敵対関係にあったプロイセンは、イギリスやロシアなどと同盟を結び、ナポレオンに反旗をひるがえした。

これをフランス軍は迎え撃つも、プロイセンを中心とした連合軍に敗北する。その後のナポレオンの動向は19ページで紹介したとおりだ。

戦争が一変した時代

ナポレオンの登場によって、ヨーロッパの社会や軍組織、戦争はガラリと変わった。その変化に応じて戦争理論を組み直さなければならなくなった。つまり『戦争論』が生まれたのは、時代の要請という側面が強いのだ。

なお、クラウゼヴィッツ自身が、ナポレオンと戦場で対峙していることも執筆の強い動機となっている。

それだけ、ナポレオンという人物は、当時のヨーロッパにおいてエポックメイキングな存在だったのである。

『戦争論』はどのような構成か

本質を定義して理論展開

全8篇、計124章からなる『戦争論』は、クラウゼヴィッツの強い主張が込められた第1篇、戦争の理論について述べた第2篇、そして、より詳細な内容については第3篇以降で書かれている。

以下に、それぞれの篇の概要を紹介していく。

概要①
〈第1篇〉戦争の本質（全8章）

戦争の定義や目的、手段、リスク、政治との関連性など戦争の本質について書かれている。クラウゼヴィッツ自身が唯一完全に書いた部分であり、いわばこの本の総論にあたる。

概要②
〈第2篇〉戦争理論について（全6章）

戦術と戦略との違いなどのほか、主

にナポレオンの戦歴をたどって戦争理論、そして、その研究方法について書かれている。

さらに、戦争においてすべての情報が極めて不確実なものであると言い切っている。

第1篇と第2篇ともに哲学的で難解な点もあるが、『戦争論』の中で重要な部分でもある。続いて、第3篇以降の概要の紹介に移ろう。

概要③ 〈第3篇〉戦略一般について（全18章）

戦略の定義、精神や地理などの戦略的要素、戦略の形態について述べ、とくに戦場においては士気といった精神力が重要であると示している。

ほかにも、軍のトップである将軍が持つべき資質にも言及している。

概要④

〈第4篇〉戦闘（全14章）

古今の戦争を比較し、フランス革命以降の戦争の目的が、敵戦力の殲滅であると説く。その殲滅に至るための作戦論にも言及している。

概要⑤

〈第5篇〉戦闘力（全18章）

兵力や火力、物量、知力、精神力など、戦争に勝つために必要な5つの条件について述べている。

勝利するための秘訣として「重心の理論」や、軍人に必要な資質についても書かれている。

第3篇から第5篇にかけては、戦略の基本的な要素が書かれている。

概要⑥

〈第6篇〉防御（全30章）

「防御」とは、敵の攻撃をはばみ、待ち受けることと定義している。さらに、戦争における防御は、攻撃よりも強力であると力説する。

ただし、クラウゼヴィッツはこの第6篇をのちに改訂するつもりであったという。

概要⑦

〈第7篇〉攻撃（全21章）

前篇の防御と比較して、「攻撃」について書かれている。具体的には「敵戦力の撃滅」「要塞の攻撃」「侵略」などの章がある。

第6篇と第7篇は、これまで書かれた戦略的諸要素をどのように行使するかについて言及している。

概要⑧

〈第8篇〉戦争計画（全9章）

「戦争計画の意」「戦争における政治的影響」「絶対的戦争と現実的戦争」など、第1篇から第7篇まで述べてきた内容を総括し、戦争遂行のための具体的方策について書かれている。

そして最後は、ナポレオンが行った作戦計画の考察で締められている。

『戦争論』の構成

第1篇	第2篇
●戦争の本質（定義や目的、リスク、政治との関連性 など）	●戦術と戦略の違い ●戦争理論 ●情報の不確実 など

第3篇～第8篇

- ●戦略にまつわること。精神力の重要さ
- ●戦争の目的が敵戦力の殲滅となったこと
- ●勝つために必要な5つの条件
- ●防御の定義と攻撃に対する優位性
- ●防御に対する攻撃について
- ●第1篇から第7篇の総括とその方策 など

『戦争論』はどのように役に立つか

ビジネスでの活用

「ビジネスは競争であり、戦争である」とたとえられることがある。

多数の企業が乱立する資本主義社会では、互いに競い合い、業績を伸ばしていく。そのような誰でも市場に参加できる自由競争を基本としているため、優勝劣敗の原理が働き、敗者が生み出されることが必然である。敗者となった企業は、倒産してしまうこともめずらしくもない。

敗者とならないためにはどうするべきかというと、勝てばよい。『戦争論』はビジネス書ではないが、物事に打ち勝つための筋道を示してくれる。

たとえば、『戦争論』では、防御は攻撃よりも強いと述べている。この考えをビジネスに応用するならば、事業を拡大する攻めの経営よりも前に、まずは中核事業を軌道にのせて盤石とすることが先決ということだ。

さらに、精神力も重要視するよう『戦争論』には書かれている。たとえば、将軍など軍指導者には勇気や判断力の資質が、戦争の遂行には兵士の高い士気が必要であることなどだ。このことは、企業の経営者やリーダーにも求められる資質に合致する。

また、離職率の高い会社の雰囲気が悪いのは、社員1人ひとりの士気、つまりモチベーションの低さが影響しているからだ。そこで、士気を高めるには、社員を正当に評価すること、適度なタイミングで休息させる必要があることなどが『戦争論』から読み解ける。

『戦争論』は現代社会で役立つ
『戦争論』
競争を勝ち抜く術が
書かれている
競争社会である
現在においても
『戦争論』に
書かれていることが
役立てられる
1
2
3

マニュアルの功罪

新人教育で欠かせないものの1つが、マニュアルだ。マニュアルは新人教育にこそ大きな力を発揮する。

しかし、行き過ぎたマニュアル主義

は、思考の硬直をもたらす。マニュアルに書かれていない想定外のできごとが起こったとき、対応できなくなるからだ。クラウゼヴィッツは、戦場で過度に重視されていたマニュアル主義に警鐘を鳴らしている。実際、マニュアルどおりの旧来の戦法に固執し、戦いに敗れた軍隊も数多い。

たとえば、ある店が人為的ミスにより、多量の生鮮食品を誤発注してしまったとしよう。マニュアルにはその際の対策方法が記されていない。

マニュアル主義ならそこで詰みだが、頭で考えれば方法はいくらでもある。SNS上で困っているという情報を拡散したり、大量消費できるものに加工して売ったりもできるだろう。

そうしたマニュアルにとらわれない臨機応変な思考を、クラウゼヴィッツは尊んでいる。

集団でのなじみ方

集団生活において、最も厄介といえるのが人間関係である。中途採用などによって入社したのはいいものの、すでに形成されているグループ内に入って、なじむのはひと苦労だ。

そこで利用したいのが、『戦争論』

で述べられている「重心を攻撃する」という方法だ。重心とは、いわば敵の弱点のこと。クラウゼヴィッツは、全力でその重心を攻撃することで敵を撃破できると論じている。

戦争における重心は、敵の軍隊や同盟軍、首都、敵国の指導者であり、これらを倒せば勝利できるという。

では、グループの重心とはなんだろうか。それはグループのリーダーだ。リーダーと親しくなれば、そのグループになじみやすくなるだろう。

ただし、気をつけなければいけないことがある。親しくなりすぎると、グループの下働きにされてしまう可能性があることだ。グループに入ることは、敵国に侵攻することと同じと考えれば、攻撃側は侵攻すればするほど弱体化し、やがて防御側の反撃にあうと『戦争論』にある。

これを参考にすると、心を許しすぎるとサービス残業などを強いられる可能性があるということだ。親しさの限界を見極め、リーダーとほどほどの距離感を保つことが大事なのだ。

このように、『戦争論』は戦争に関する理論であるが、使いようによってはさまざまな応用が効くのだ。

なぜ『孫子』と比較されるのか

『孫子』の成立

　誰でも名前は聞いたことがあるであろう『孫子』は、紀元前6世紀～紀元前5世紀ごろの古代中国で編纂された兵法書である。著者は、軍事思想家の孫武と伝わっている。

　書き上げられて以降も、孫武の子孫とされる孫臏《そんぴん》によって注釈が追加されている。

　それから時代はくだって2世紀、

『孫子』と『戦争論』の比較①

『孫子』

- 著者：孫武（兵法家）
- 成立：紀元前6世紀～紀元前5世紀（古代）
- 構成：全13篇
- 国：中国
- 完成までの経緯：著者の子孫とされる孫臏に注釈を追加され、のちに曹操が再編纂した。
- 日本への伝来：8世紀

『戦争論』

- 著者：クラウゼヴィッツ（軍人）
- 成立：19世紀（近代）
- 構成：全8篇
- 国：プロイセン（現在のドイツ）
- 完成までの経緯：著者の死後、妻や友人らの手によって遺稿がまとめられ出版された。
- 日本への伝来：20世紀

『三国志演義』に悪役としてえがかれている魏《ぎ》の曹操が『孫子』を整理し、独自に編集してまとめた。現在、私たちが目にしている『孫子』は、この『魏武注孫子』がもとになっている。

内容は、作戦篇や謀攻篇など13篇からなり、『戦争論』にくらべると、簡潔な文章でつづられている。

両書の主な類似点

『戦争論』と『孫子』は執筆された年数の開きが2000年以上あるが、両書の中身にはさまざまな類似点が見られる。

その1つが、軍の指揮官の資質について言及していることだ。どちらの書も、指揮官は我慢強さと自制心を備えている必要があり、そうでなければ勝利はおぼつかないと論じている。

ほかにも、『戦争論』では「戦争は政治の延長線上にある」と定義していることで有名だが、『孫子』でも同じように政治の優位性について考察している部分がある。

そのうえで、軍の指揮官には、戦場での重要な局面における即時即決の判断力が必須と両書に書かれている。

これは、両書が書かれた当時は情報をリアルタイムに伝える技術が存在しなかったからであり、戦時中に、戦場に出ず王宮に留まっている主君の政治的な判断を聞きに行っていたら勝機を逃すからだ。

これら指揮官の資質に関する類似点は時代を隔てようとも、普遍的なものなのだ。

両書の明確な相違点

両書には大きな相違点が存在する。たとえば、だまし討ちといった奇策に対するスタンスだ。

『孫子』に「兵は詭道《きどう》なり」という一節がある。戦争とは、奇策や計略を用いて敵をあざむいて勝つという意味だ。つまり『孫子』は、なるべく戦闘を避けて勝つことを理想としている。

一方の『戦争論』は奇策を推奨していない。それは、奇策を練って実行する労力の割に、成功する確率が低いという考えにもとづいている。さらには

「戦争の手段は戦闘以外にありえない」とも説いている。

また、情報に関するあつかいも両書で異なっている。

『孫子』では、スパイを重用して敵の情報を集めることで戦局を予測し、勝利するなど、本書の1篇をまるまる費やしてスパイの使い方にあてるほど、情報を重視している。

ところが『戦争論』では、戦場での情報の役割は軽んじられている。戦場における情報は錯綜し、偽情報も多いので過度に信用するのは危険であるという立場をクラウゼヴィッツはとっているからだ。

内容の是非はともかく、両書の違いを理解し、状況に応じてそれぞれを補完的に活用すべきだと、アメリカ陸軍戦略大学校では教えている。

『孫子』と『戦争論』の比較②

主な類似点

『孫子』	『戦争論』
●戦争を行う一番の判断材料は政治の状況	●戦争は政治の延長線上にある
●指揮官は勇気、決断力、責任能力、厳正さや公平さが必要	●指揮官は勇気、責任能力、忍耐力、知性、精神力、決断力が必要

主な相違点

『孫子』	『戦争論』
●敵をあざむいて勝つ	●敵をあざむくことは労力の割に失敗しやすい
●なるべく戦闘は避けるべき	●戦争の手段は戦闘する以外にない
●情報戦を制したほうが戦いに勝利する	●戦場のあいまいな情報は重要ではない

Part.2
物事の本質を追求する

3つの相互作用で争いは激化する

戦争は、決闘を拡大したものにほかならないからである。
（中略）
戦争とは、相手に我が意志を強要するために行う力の行使である。

（第1篇1章）

あらすじ

戦争とは、いわば二者間の決闘を拡大したものである。決闘とは、相手を打倒し、無力化することで、抵抗力を奪うことである。

それは敵を屈服させ、自分の意志を実現させるために用いる暴力行為だ。

一方で味方は、敵からの暴力に対抗するために、科学や軍事技術を発展させなければならない。

敵味方が互いに発展することで戦争は、より激化の道をたどるのだ。

解説

戦争の概念を明確にすることで争いが激化する原因がわかる

個人の争いの集まりが戦争

『戦争論』では、敵を屈服させるための暴力行為を戦争とし、さらに、個人間の決闘を拡大したものとも定義している。つまり、多数の個人間の決闘を集めたものが〝戦争〟というわけだ。

決闘は、敵対する両者が暴力で相手を屈服させ、自分の意志を強要しようとするものである。屈服を良しとしない敵が、抵抗を試みるのはもちろんだ。

また、敵の抵抗する力が大きいほど、必然的に屈服させようとする味方の力も大きくなってしまう。

互いに戦争目標を達成しようと、兵力を増強し、軍事技術を発達させ、相手より軍事力を高めようとする。

そして激化する具体的な要因は、①エスカレートする暴力 ②相手への恐怖 ③相手より強くなる、という欲求の3つである。これらが相互に作用し、戦争を激化させていくのだ。

競争意識によって成長する

複数の人が集まれば、争いはどこでも起こる可能性がある。プライベートにおいて1対1で争った場合は、口論か、もしくは手が出るかもしれないが、大半がけんかという形で収められる。

とはいえ、それがビジネスの現場となると話は異なってくる。口論や手を出すような争いは通常は行われないからだ。

会社での争い、すなわち出世レースに打ち勝つには、ライバルたちを上回る実績を上げ、高く評価される必要がある。

そのため、ライバル関係にある者同士は互いに負けまいとする競争意識が芽生え、切磋琢磨することで、自分自身を成長させていくのだ。

対立が激化する3つの要因

①エスカレートする敵対行為

②相手への恐怖

③相手より強くなる欲求

3つの要素が相互に作用し対立が激化する

戦争は暴力の行使である

交戦者のいずれもが、
互いにみずからの
意志の実現を
相手に強要する。
そこで、相互作用が生じる。（中略）
これが第1の相互作用であり、
我々が遭遇する第1の極限である。

（第1篇1章）

あらすじ

人道主義者は血を流すことなく敵を武装解除させ、制圧できると考えるが、これは誤りである。戦場では、流血をいとわず暴力を行使する者が優勢となるからだ。

さらに戦場では、この暴力の行使について、どんな制限も存在しない。だから、敵味方とも相手を屈服させようと考えて、暴力の行使はエスカレートしていき、やがて極限にまで達するのだ。

この暴力に対して、お互いに制限がなくなってしまう状態を「第1の相互作用」と呼ぶ。これを、戦争を激烈化させる作用の1つとして警戒しなければならない。

解説

暴力に暴力で応じていった末に争いはエスカレートしていく

際限のない暴力の応酬

戦争では暴力、いわゆる軍事力を行使できる者が、行使できない者を制圧できることは明らかだ。そのため、一方が暴力を行使すれば、その敵も拮抗、もしくはそれを上回るレベルの暴力を行使せざるを得ない。

戦時下の暴力には何の制限もないので、徹底的に暴力を行使したほうが優勢となる。

だからこそ、クラウゼヴィッツは、人道主義を戦争に持ち込むことは誤りとしている。

ただ、限度をともなわない暴力の応酬はイタチごっことなる。その結果、戦争の極限、すなわち相手を殲滅《せんめつ》することを目的とした「絶対的戦争」という状態にまで激化してしまう。

この制限のない暴力の行使を「第1の相互作用」といい、残る2つの相互作用と影響し合い、戦争を激化させる。

やっていいことには限度がある

ライバルを上回る実績を上げるため、自分が持っている力をフルに生かすことは重要だ。

だからといって、そのために何をしてもよいわけではない。たとえば、ライバルのネガティブな情報を会社の内外に流して評判を落としたり、ライバルのミスをあげつらったりすることだ。

そんなことをしていると、相手も「そっちがその気なら」と、同じようなことをしてくる可能性が高い。

ついには足の引っ張り合いになり、せっかくそれまで築き上げてきた実績も、ネガティブな情報に打ち消されかねない。

結果的に、自分自身の会社での評価はガタ落ちとなるだろう。

お前には
絶対負けない!
エスカレート
お前だけには
勝ちたい!
互いが一歩もゆずらず
対立が強まっていく

相手を無力化させない限り恐怖が生まれる

我がほうが敵を打倒しない限り、
敵が我がほうを撃破するであろうと恐れ、
我がほうにもはや主体性はなく、
我がほうが敵に対して与えたように、
敵が我がほうに掟を与える。
これが第2の相互作用であり、
第2の極限に導くのである。

（第1篇1章）

あらすじ

敵の無力化が軍事行動の目標である。

敵を屈服させるには、つねに不利な状態にさせなければならない。そして、不利な状態の極限が、敵の無力化だ。だから、敵の無力化か打倒が目標となる。

そして戦争とは、2つの勢力による暴力の対決であり、双方が相手の無力化を目標とする。その目標を達成するにあたり、互いに敵を打倒しない限り、相手が自分を撃破するかもしれない、という恐怖が生まれる。これを「第2の相互作用」という。

解説

疑念により生じた恐怖が自主性を失わせてしまう

恐怖という感情の影響

「人間の闘争とは、異なる要素である敵対感情と敵対意図から成っている」と『戦争論』には書かれている。

文明国では、未開の民族にくらべ、理性で感情を抑えられるため、残虐と破壊の度合いは少ないという。

しかし文明国だろうと、激情に駆られることもある。戦争は必ず、感情が結びついているからだ。

戦争は、敵味方とも無抵抗でなく、暴力による解決を望む状態だ。そのため、互いに相手を倒さなければ、倒されてしまうという恐怖に支配される。

この相手への疑心暗鬼は恐怖を増幅させ、行動は制約され、自主性を失ってしまう。

この恐怖が生まれるという第2の相互作用が、第1の相互作用（46ページ）にも影響し、絶対的戦争へと導かれるのである。

実践『戦争論』

適度なコミュニケーションをとる

ライバル同士の関係性によくある、「相手を倒さなければ、自分が倒されてしまう」という感情や、上司や同僚との意思疎通がスムーズにいかず「何を考えているかわからない」というような疑心暗鬼は、非常に強いストレスを生んでしまう。これによって行動が制約され、自主性を失うと、日常にも支障をきたしてしまう。

　このような場合、ビジネスシーンではできる限りコミュニケーションを取ることが好ましいだろう。実際の戦争では敵同士交流を持つことは難しいだろうが、現代社会では適度な交流で敵対感情を緩和させ、お互いがよいパフォーマンスができるようにするのが望ましいだろう。

際限なく相手より強くなろうとする

我々の力を
敵より優勢に
なるようにするか、
あるいは我々の力が不十分な場合には
できる限り増大することができる。（中略）
これが第3の相互作用であり、
我々の遭遇する第3の極限である。

（第1篇1章）

あらすじ

敵を倒すには、敵の抵抗力を上回る努力が必要だ。抵抗力は、戦力と意志力の強さを掛け合わせたものによって表される。

戦力は数値でわかるが、意志の力は動機の強さからいくらか見積もれる程度だ。

抵抗力が正確に判定できるとすると、味方は勝つための努力目標を算定できる。つまり、努力することで味方の力を敵よりも優勢にできるのだ。

だが、それは敵も同様であり、互いに競い合って力を高めていき、やがて極限に達する。これを「第3の相互作用」という。

解説

相手を上回ろうとして落とし所が見つからない

敵を上回る軍事力の増強

敵を打倒しようとするなら、まず敵の軍事力を知り、それを上回る軍事力の度合いを決めなければならない。

しかし、軍事力の構成要素である、兵員や武器の数という敵の戦力の算段はできるが、敵の士気の強弱をはかるのは難しい。

そこで、できる限り軍事力を増強するのである。敵もまた、こちらの軍事力をはかり、できる限りの軍事力を増強してくる。

敵より強くなったら、今度は敵が自分より強くなろうとする。これがくり返されることが、軍備の拡張競争だ。こうして互いの軍事力が強力になるのに比例して、被害も大きくなる。

軍拡は、暴力の応酬や敵への恐怖などと相互に作用し、暴力の行使が極限にまで達すると、一方の側が完全に破滅する絶対的戦争となる。

争いが発展する前に手を打つ

ライバルを上回る実績を上げたいという強い気持ち、一方で相手を理解できずに、疑心が募っていく。

すると、相手のことがこわくなり、自分1人の力では勝てないと考えるようになり、多くの味方をつけようと立ち回るようになる。

味方を増やしていくと、相手もそれに対抗しようとして、味方を増やしていく。このようにして、ビジネスの現場では派閥が生まれる。

派閥の規模がしだいに大きくなっていくと、それに比例して、対立の度合いも深まっていき、ついには互いに引くにひけない状況に陥ってしまう。

そうなる前、個人レベルの対立で争いを収めることが最善だ。

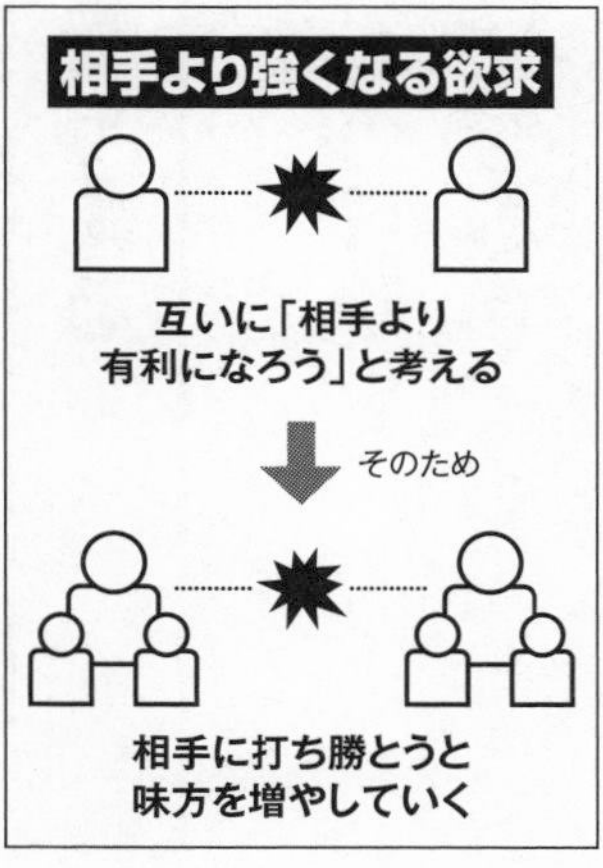
相手より強くなる欲求
互いに「相手より有利になろう」と考える
そのため
相手に打ち勝とうと味方を増やしていく

外部要因が戦争に影響を与える

この理解は力の限界までの行使や武力の衝突に関することであり、これらは抑制されることなく放任され、その内部法則以外の法則には従わないからである。

（第1篇1章）

あらすじ

3つの相互作用や力の極限の行使、絶対的戦争などは、外部からの影響を考慮せず、理論上でいえば、正しいと考えられる。

しかし、現実的戦争においては、外部からの要因に影響を受けてしまう。

3つの相互作用などの考えは観念上のものであり、この考えだけに固執するならば、それは机上の空論でしかなく、また、現実世界のものではない。

解説

現実に起こっている戦争はさまざまな影響を受けている

絶対的戦争と現実的戦争

これまで、敵に対する恐怖によって、暴力や軍事力がエスカレートし、やがて極限状態になると、敵味方の一方が滅びる「絶対的戦争」へ至ると、説明してきた。

しかしそれは、戦争以外の外部からの影響を除いた、理論上の思考実験でしかない。

「現実的戦争」では、敵や味方の政治や経済、思想、技術、社会的な要因による影響を受ける。これらが暴力の行使がエスカレートしていくことをさまたげるため、絶対的戦争に至らない。

また現実的戦争は、敵の殲滅ではなく、それよりも小さな政治的な目的で行われる。たとえば、領土の奪取や賠償金の請求、外交要求のための威嚇《いかく》などである。なぜなら、敵政府を壊滅させると、交渉相手がいなくなるからだ。そのため、絶対的戦争には至らない。

対立の調停役を務める

派閥争いがエスカレートしていくと、どちらか一方の派閥が会社内で立場を失うまで続けられる――という事態にはならないことのほうが圧倒的に多い。なぜなら、そうなる前に「社内政治」という力学が働くからだ。

具体的には、衝突が起こらないよう、今回の会議では片方の派閥に花を持たせ、次回の会議ではもう片方の派閥に花を持たせるなどの調整が行われる。

このように社内政治が働くのは、派閥同士が争って互いにダメージを負うことが、両派閥が属する会社に大きなリスクをもたらすからだ。

そして、そのリスクを回避するための調整者役を務めたなら、出世は約束されたようなものだ。

対立の動き

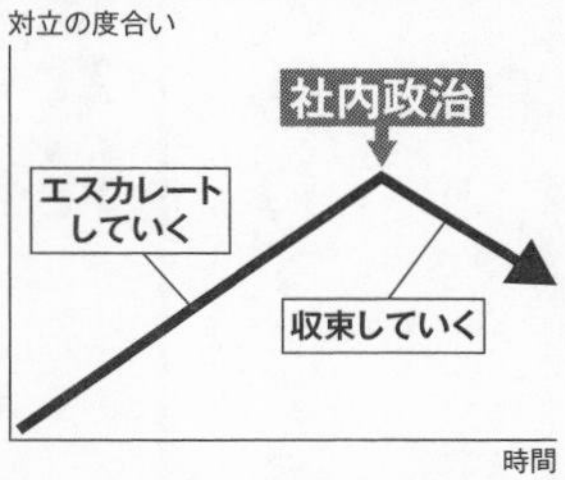

ある程度まで対立がエスカレートすると、社内政治が働いて対立は落ち着いていく

絶対的戦争が起こることはない

我々が抽象から現実世界に移行するならば
すべては一変する。
抽象界ではすべては
楽観論に支配されざるを得ないし、
また彼我双方が完全であろうと
努力するばかりでなく、
それを達成すると考えざるを得ない。

（第1篇1章）

あらすじ

絶対的戦争のような、抽象的な論理は、ほかから影響を受けることがないという楽観論にもとづいて構築されている。

同時に、敵味方が完全な状態になろうと努力するだけでなく、その努力の末に達成すると考えている。

次の条件がそろえば、絶対的戦争となる。①戦争が唐突に起こり、それ以前の国家活動と関係ない場合 ②戦争がただ1回の決戦、または同時進行のいくつかの決戦からなる場合 ③戦争が完結した1回の決戦だけで、以後の政治的状態が戦争に影響をおよぼさない場合、の3つだ。

解説

絶対的戦争に至る諸条件はけっして現実的とはいえない

それでも絶対的戦争は机上の空論

クラウゼヴィッツは、ナポレオン戦争を通し、戦争の変化を予言していた。ナポレオンが登場する以前の戦争は、領土の一部を支配するといった小さな目的で行われていた。そのため、軍事力の大きな消耗を避けようと、敵軍との小競り合いで済んでいた。

だが、ナポレオンは敵軍を殲滅することで敵国の抵抗力を削ぐという目的をとる。これは、机上の空論であった絶対的戦争が、ナポレオンによって現実になろうとしたことを意味する。

しかし実際には、絶対的戦争に至らないと考えられる。それは、絶対的戦争の3つの条件が非現実的だからだ。①の条件を例に見ると、戦争は唐突に起こるのではなく、政治的な緊張といった兆候が存在するからだ。

ゆえにクラウゼヴィッツは、絶対的戦争を理論上のものと考えた。

実践『戦争論』

大規模な対立はそう起こらない

ビジネスの現場において、劇的な争いが何の脈絡もなく、突如として起こることはない。

まずは、相手の陰口を叩いたり、業績を自慢し合ったりといった個人間の小競り合いが発生し、互いが徐々にフラストレーションを蓄積させ、緊張状態が生まれる。

さらに、両者が周りの人間まで巻き込むようになると、緊張状態は限界を迎え、最悪の場合、相手グループを追い落とそうと、大規模な内部抗争に発展してしまう可能性が出てくる。

しかし、現実的には、互いに本格的な争いに発展することを望まないケースがほとんどのため、大規模な争いにはそうそう発展しない。

戦争は一度の決戦では終わらない

2回目以降の決戦が可能ならば、
人間の精神は1回目の決戦に
全力を傾けることに危険を感じ、
1回目の決戦の際に、
1回しか決戦がないよう力を結集したり、
あるいは全力を尽くしたり
することはしない。

（第1篇1章）

あらすじ

絶対的戦争では、一度しか戦力を投入できないため、軍事力の源である国土や人口を最大限に使用しなければならない。しかし、すべてを投入することは不可能だ。

また、同盟国の参戦も自由意志なので、ただ1回の決戦に全力集中するのは難しい。人間というのは、2回目があると思うと、力を温存しようとするからだ。

敵を全滅して戦争を終わらせれば、戦後の政治的な打算について考えることになるため、現実的ではない。

解説

複数回の決戦に備えることで力の極限の行使に歯止めがかかる

敵を壊滅することのリスク

もし戦争が1回の決戦だけで終わるのであれば、その一戦に全力投入して負けなければよい。

ただ、その1回の決戦に、その国土や人民のすべてを費やすことは、敵味方ともに危険だ。

さらに、最初から2回目の決戦が想定されている場合、1回目の決戦では軍事力を温存しようとする傾向が人間にはあるという。これも、力の極限の行使のストッパーとして機能する。

また、交戦者は互いに、戦後の政治的な状況について考慮されることで、極限のない力の行使は抑制される。なぜなら、敵を完全に壊滅してしまったら、講和する相手がおらず、復興のために金銭や労働力を費やさなければならないからだ。

これらのことから、絶対的戦争は理論上のものでしかないと考えられる。

一度きりの大きな決戦は起こらない

63ページでも述べたように、派閥同士は小競り合いをくり返しても、組織力を総動員して相手を打ち倒そうという動きは、追いつめられない限りはとられない。なぜなら、たとえ相手の派閥を圧倒できたとしても、その際に自分たちの派閥がどれだけの被害を受けるか、予想がつかないためだ。

もし仮に、大規模な争いが起これば、何度も迎え撃てるだけの戦力を振り分ける必要がある。一度切りの戦いで決着をつけようとして戦力をすべて費やすと返り討ちにあうからだ。

このように戦力を温存しようという動きが、力の極限の行使のストッパーとなるため、結果、大きな争いに発展しにくいのだ。

戦力の温存による
ストッパー
大規模な争い
…が起こると
1回戦
2回戦
3回戦 …
何度も戦えるように
戦力を温存する
結果、力の極限の行使には
至りにくい

戦争においては勇気が重視される

軍事行動が行われる場では、危険が満ちている。ところで、危険の中でもっとも重要な精神力は、勇気である。

（第1篇1章）

あらすじ

戦争は賭けのようなものである。不確定で、偶然的な要素が多発し、危険だ。その危険に対し、最重要の精神が勇気である。勇気と自信は戦争における真に本質的な原則だ。

戦争で不確定な状態となったときの運を天に任す、大胆で無鉄砲といった行動は、経験に裏打ちされた勇気の一面的な表れである。そして、その行動が現状の打破につながるのだ。

また戦争にあっては、精神論を捨てるべきではない。戦争にはあいまいな部分が存在し、精神力がその部分を補うからだ。

解説

偶発的な危険状況は勇気によって打ち破れる

戦争にもギャンブルの要素

クラウゼヴィッツは、戦争を賭け事であると考え、カードゲームにもっとも似ているとも述べている。

戦場では、可能性や確実性、幸運や不運といったギャンブルの要素がつきものであり、偶然がおよぼす影響の割合は戦争では大きい。

そして、戦争における偶然、あいまいさや不確実性には精神力、とくに勇気で対応すべきという。勇気があれば、敵の奇襲で自軍が混乱しても冷静に対処し、危険な状況を打破できるからだ。

また、人間はギャンブルに惹《ひ》かれるという。なぜなら、理論よりも大胆な可能性に酔いやすいからだ。それは、精神が深く関わっている戦争も同じであり、完璧な理論化はできない。

それゆえ、戦争理論にはあいまいなところがあり、それを補填《ほてん》するのが、勇気や自信といった精神なのである。

ピンチをチャンスに変える

事前に綿密に準備していたとしても会議に臨むと、往々にして予想外の出来事が起こりやすい。

もちろん、回避できるに越したことはないが、起こってしまったことは取り返しがつかない。大事なのは、いかに予想外のできごとに対処するかで、そのときに試されるのが、その人が備えている勇気だ。

たとえば、まずミスを素直に認めて、謝罪したうえで、次回の会議までにどのように対処するかを、その場で発言し、着実に実行するといった方法があげられる。

こうして、とっさのトラブルにも対処できる姿を見せれば、社内の自分の株を上げるチャンスにもなる。

ピンチのときこそ
勇気で対応すべき
ミスもなく順調に
業務を進めていたが…
トラブル発生
ミスを認め
トラブルに
対処すべく
動き出す
トラブルを
引きずり
自分を責める
だけで動かない

戦争はあくまでも政治の一種である

戦争は政治的行為であるばかりでなく、
本来政策のための手段であり、
政治的交渉の継続であり、
ほかの手段をもってする
政治的交渉の遂行である。

（第1篇1章）

あらすじ

社会集団の戦争、とくに文明国の国民による戦争は、必ず政治的な事情から発生し、政治的な動機のみで起こる。それゆえ戦争とは、単に政治的な行為であり、主権者の意志を達成するための手段でしかない。

さらに、戦争の動機が強い場合は、敵味方の間で緊張感が高まるほど、敵の殲滅が重要となり、戦争目標と政治目的とが一致しやすい。そのため、一見、戦争は政治的な行為ではないように見える。

反対に動機が弱い場合は、戦争は政治的な行為であるように見える。

解説

政治目的のために戦争は引き起こされる

政治的な目的がメイン

戦争の本質は外交交渉などと同じ、政治手段であると、クラウゼヴィッツは『戦争論』の中で結論づけている。

なぜなら戦争は、領土の奪還といった政治的な目的のためだけに引き起こされるからだ。つまり、戦争は政治につねに従属する関係にある、ということでもある。

しかし歴史をひも解くと、政治的な目的よりも戦争が優先された事例がしばしば見受けられる。その状況の多くは、好戦的な軍人や政治家、熱狂的な世論などの後押しによって起こったと、とらえられる。

だが、それは錯覚である。軍事的な要求は、政治的な意図の修正として、軍事的な要求は考慮される。あくまで政治的な意図が主で、戦争はその意図を実現する手段にすぎない。戦争が政治を主導することはありえないのだ。

面目を立てて解決する

ドラマのワンシーンでは、会社の幹部らが一堂に会し、大きなテーブルを挟んで激しく議論する様子がよくえがかれる。

だが実際に、面と向かって相手と口論するというケースは少ない。たとえ対立が起こったとしても、それはあくまで、表面上の駆け引きの1つにすぎない。

なぜなら、争うことが目的ではなく、組織での主導権を握る、出世することなどが本当の目的だからだ。

そのため、争いを収めたいのなら、ただ間に割って入って両者をなだめるだけではなく、両者それぞれの面目が立つようにして、争いを解決に導くのが効果的だ。

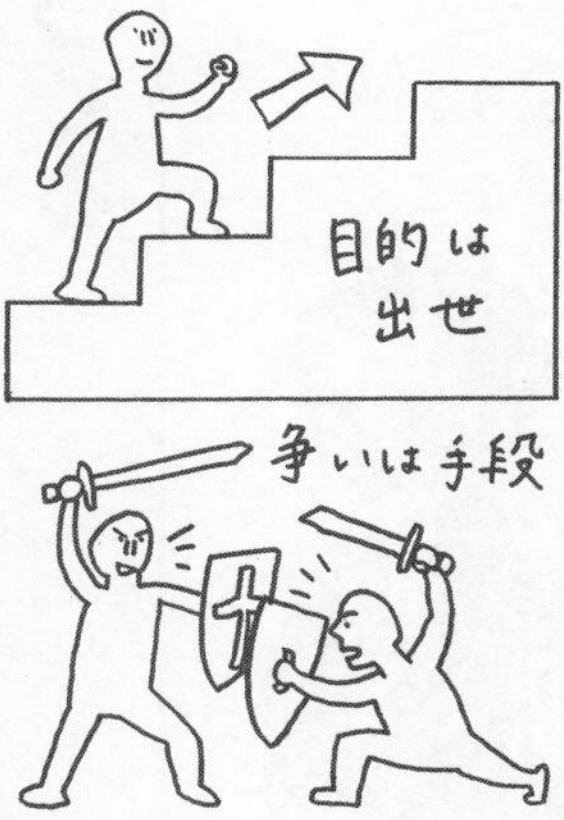

3つの要素が戦争を形づくる

戦争はまた、
戦争の全体像から見て、
戦争における
支配的な傾向に関して
独特な三位一体をなしている。

（第1篇1章）

あらすじ

戦争は、国の状況によってカメレオンのように変化する。それに強く関わっている3つの要素は、三位一体をなしていると考えられる。①国民が抱く憎悪や敵意をともなった暴力行為 ②軍人が直面する戦争を自由な精神活動とする確実性や偶発的といった賭け ③政府が決定する戦争は政治のための手段という従属的性質、という3要素だ。

戦争理論を考えるうえで、引力のように引き合うこの3要素を、いかにバランスの良い関係に保たせるかが重要だ。

解説

国民、軍隊、政府が戦争の状況を変化させる

3つの要素で構成される戦争

戦争は、政治のための手段である以上、国内の政治的な状況によって変化していく。その戦争は次の要素で構成され、それらが互いに作用している。敵意ある暴力行為、偶然的な賭け事としての性質、政治のための手段である従属的な性質、の3つだ。

さらに、これらの構成要素は「国民」「将軍とその軍隊」「政府の役割」に振られる。より具体的には、①敵に激怒する国民の支持 ②偶然的な危険を乗り越える勇気ある有能な将軍 ③明確な達成すべき政府の目的、だ。

これら3つの要素は、互いに無関係のように見えるが、じつは一体となって機能している。

そのため、どれか1つの要素を排除したり、3つの要素の関係性を勝手に定めようとしたりすれば、戦争理論は破たんしてしまう。

要素の1つを解決する

明確な理由もなく、グループ同士の対立は起こらない。対立が起こるには、グループを構成する社員、その社員を指揮するリーダー、グループの目標などの要素が大きく関わっている。

それはたとえば、対立するグループに向かっていこうとする社員の士気が高かったり、リーダーが対立するグループに勝機を見出したり、グループの今後の命運を左右するプロジェクトを立ち上げるときなどだ。

いずれの要素が複雑に絡み合い、グループ間で対立が起こってしまう。

対立関係を解消したい場合、要素の1つに集中的に対処すればよい。各要素は絡み合っているため、1つを解決できれば、突破口が開けるだろう。

それぞれの要素の意識とその程度によって対立は形づくられる

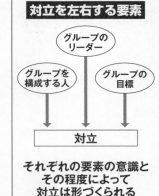

意志を屈服させて敵を無力化する

戦争が敵に我が意志を
強要するための
力の行使であるとするならば、
敵の撃滅、すなわち敵の無力化が
そのためのつねに
また唯一の手段だからである。

（第1篇2章）

あらすじ

戦争の唯一の目的とは敵の打倒、すなわち抵抗力を剥奪し無力化することである。敵を打倒するには、敵戦力の壊滅と敵領土の占領が必要である。

しかしながら、この双方が成功しても、敵の意志が屈服するとは限らない。とくに敵領土が、占領できずに残っていると、そこで国力を回復する可能性がある。よって、領土は必ず占領しなければならない。

つまり、敵政府とその同盟国が講和条約に調印するか、敵国民自体が降伏する状況になるしか終戦といえないのである。そのため一般的には、敵国とその同盟国への講和の強制を、戦争目的の達成かつ終戦と見なすのだ。

解説

政治目的を達成するために3つの対象をつぶす

戦争を終結させるための方法

戦争の政治目的とは、敵を屈服させ、講和条約を結ぶことだ。その政治目的を達成する唯一の手段として、戦闘によって敵を撃滅し、抵抗できなくしなければならない。

撃滅の対象には、敵の軍事力と国土、敵国民の意志がある。この3つをつぶすことで戦争継続を不可能にする。とくに国土は、敵勢力が国力を回復するための源であるため、必ず占領しなければならない。

しかし、敵を破っても屈服するとは限らない。敵国内部の抵抗勢力や敵同盟国の援助によって、新たな戦争が起こる可能性があるからだ。

だからこそ、戦争を終結するには、敵と敵同盟国と講和条約を結ぶか、敵国民を精神から屈服させるしかない。つまり、敵軍を殲滅し、敵国民の反抗心を折り、講和条約を結ぶ必要がある。

精神的に屈服させる必要がある

対立する相手派閥の勢力を弱めようと、その派閥の何人かを味方に引き込んだり、社内のプレゼンでこちらの派閥のほうが会社に高く評価されたりしたとしよう。

こうして、相手派閥にダメージを与え続けたとしても、対立する相手派閥は簡単に引き下がることはない。むしろ、以前にも増して、対抗意識を燃やして何度でも立ち向かってくるだろう。なぜなら、相手の精神が折れていないからだ。

これをくり返さないためには、敵対する相手派閥が「これはかなわない」と白旗を掲げるような、大きくかつすぐれた成果を示し、精神的に屈服させることが有効だ。

敵を破るだけでは講和できない

その後の抵抗を不能にする代わりに、現実において講和の動機となり得る2つのことがある。第1は勝算のないことであり、第2は勝利のために支払う過大な代価である。

（第1篇2章）

あらすじ

現実的戦争では、講和条約の締結が政治目的の達成であり、敵の殲滅は講和のための必須条件ではない。

現実的戦争で講和の条件となるのは、①戦争の勝敗に対する推測 ②戦争の費用対効果、という2つへの考慮である。

戦争では、政治目的の価値と比較して、犠牲や戦費の大小を算定しなければならない。戦争の費用対効果が政治目的の価値より大きい場合、戦争は中止され、講和が結ばれる。

解説

打算的な思考を持つため講和条約は結ばれる

対立関係が終わるための動機

理論上、戦争で勝利するには敵を殲滅するしかない。しかし、現実的にそれは難しい。そのため、実際には敵の戦争を続ける意志をくじき、講和条約を結ぶことが、実質的な勝利となる。

講和条約が結ばれるのは、一方もしくは双方が、戦争継続が困難になったときだ。それは次の2つの動機による。

①戦力差に大きく開きがあり、どうやっても勝機が見出せない ②勝利するために支払う犠牲や戦費が、政治目的の価値と比較して、著しく高くつく場合だ。たとえば、敵の侵略をくいとめたとしても、人が住めないほど領土が荒廃するようならば、降伏する動機となる。

いくら激しく対立していても、講和を結ぶのは、勝ち目のない戦争をしないなど、打算的な思考を人間が備えているからだ。

人間の打算的な性質を利用する

敵対関係を解消する方法として、まずは敵対する相手に「勝ち目がない」と思わせる状況をつくり出すことが有効だ。

そしてもう1つ、敵対関係がこれから増すますエスカレートしていくと、多大な損失をこうむることを相手に示すことも効果的といえる。

損失する主なものとしては、対抗するために費やされる時間、投入する人的資源、金銭面などがある。

これら多方面にわたる多大な損失をこうむる可能性を相手に対して示せれば、人間は打算的であるがゆえ、相手はそれまでの敵対的な態度を緩和したり、解消したりするほうへと関係を切り替えるだろう。

リスクへの恐れ

リスクを想像させることで敵対心が薄れる

戦争は予測不能なことが起こる

軍事的天才が単一のものだけに
指向された精神力、たとえば勇気に
限定されるのではないからである。

（中略）

軍事的天才とは
精神力の調和ある統一体である。

（第1篇3章）

あらすじ

本来、戦争とは簡単なものだが、戦争にともなうさまざまな摩擦により難しくなる。摩擦の原因としては、戦争での①危険性 ②肉体的辛労 ③情報の不確実性 ④障害、がある。

戦争におけるさまざまな摩擦を克服できる素質を持つ者を「軍事的天才」と呼ぶ。

天才は戦争において、①危険を克服する勇気 ②辛労を克服する忍耐力 ③偶然性を克服する決断心や冷静さ ④さまざまな障害を克服する意志、を有する。

解説

予測不能な事態を乗り越える力をすべての人が備えている

摩擦の対処には訓練が効果的

戦争において予測不可能な事態のことを「摩擦」という。たとえば、軍隊が予定通りに行動できないことなどだ。

摩擦の原因としては、①予想不可能な危険なこと ②病気など兵士たちを苦しめるもの ③虚偽の情報 ④急な天候の悪化、などがあり、部隊の行動を困難にしてしまう。とくに戦場の情報の大部分は虚偽のため、指揮官は混乱しやすい。これらを克服するには、軍隊の訓練が効果的だ。

そして、摩擦を知性と精神力で克服できる者が軍事的天才だ。実行力、強固な意志、機転といった素質で困難を乗り越えるのである。この素質は、偉大とされる人物が備える精神的な資質といえるだろう。

ただし、軍事的天才は特別な存在ではなく、すべての人にその資質が備わっているともされる。

実践『戦争論』

トラブルに備えて訓練しておく

予測できないできごとが、ビジネスの現場では日々起こっている。納品直前の同僚の急な病欠、誤った情報をもとにした作成してしまった書類上のミス、打ち合わせ当日のドタキャンなど、その内容はさまざまだ。

いずれにしろ、トラブルが起こることはビジネスの世界では当たり前だ。大事なのは、そのトラブルをいかに素早く収めるかだ。そのためには、いくつものトラブルを想定し、それぞれのトラブルにどう対処するかをシミュレーションして、日ごろから訓練しておくとよいだろう。

トラブルを収拾するために必要な知性や精神力はすべての人にその素質が備わっているからだ。

Part.3
状況を分析して過去に学ぶ

戦争理論の確立に経験は欠かせない

小麦の穀粒の化学的な成分から、
小麦の穂の形態を
究明しようとすることは
明らかに誤りである。
実った小麦の穂を見るためには、
小麦畑に行きさえすればよい。

（序文）

あらすじ

小麦の穂の形（本質）を知りたいならば、小麦の化学的な成分（理論）を研究するより、直接、小麦畑へ行って観察（経験）するほうが効率はよい。

理論をつくりあげていく過程で、論理的でなくなってしまったときには、経験的な事象に関連づける方法をとるべきだ。

なぜなら研究と観察、理論と経験は、相互にけっして軽蔑し合ってはならず、ましてや排除し合ってはいけない。それぞれが相手を保証し合う関係にあるからだ。

解説

理論と経験によって戦争の本質を解き明かす

経験は理論との橋渡し

『戦争論』は軍学書として、戦争で起こる事象を理論的に分析し、体系化しようとしている。しかし、クラウゼヴィッツは理論というものが、時として現実から遠く離れてしまうため、万能でないとも述べている。

そこで、理論の代わりとしたのが「経験」である。みずからの経験や歴史上の事実が、理論との橋渡しとなると考えたのだ。

もし、理論と経験の内容が反対のような場合でも、互いに反発したり、どちらかを排除したりすることなく、互いに歩み寄り、融合する姿勢が大切と説いている。

クラウゼヴィッツは、理論的な分析に、歴史上の事実と経験を補い、戦争を理解しようとした。これは、ナポレオン率いるフランス軍との戦争に従軍した経験から導き出した方法だ。

理論に頼りすぎない

理論とは「筋道を立てて組み立てられた知識の体系」のことだ。ビジネスマンが競争社会を生き抜くため、自分に合った理論を身につけようとしている。有名なところでは、マネジメント理論やマーケティング理論などだ。

ただし、理論を身につけたからと、そこで満足していてはいけない。理論には正解を導き出すためのヒントは書かれているが、答えまでは書かれていないからだ。

そもそも、理論というのは広く知れわたっており、自分だけが持つ強力な武器にはなりえない。

だからこそ、その時々の答えは、理論をベースとしつつ、自分の経験をもとに導き出すしかないのだ。

理論と経験の組み合わせ

理論のみ

理論は広く
知れわたっており
それだけでは武器にならない

理論＋経験

理論に
自分の経験を足して
初めて武器になる

「広義」と「狭義」の戦争術の違い

戦争の本来的意義は、
闘争である。
それは、闘争が、
広義に戦争と呼ばれている
多種多様な行動において
唯一有効な原理だからである。

（第2篇1章）

あらすじ

戦争とは〝闘争〟であり、「闘争を行う活動」と「闘争に備える活動」の二面性がある。そして、その二面性が戦争術（闘争において使用する術）を「狭義」と「広義」とに分けられるという。

狭義の戦争術とは、戦争で既存の手段を使っての術、すなわち一般的な「作戦」のことである。これは「戦争指導」という名称で言いかえることもできる。

広義の戦争術とは、戦争のために行われる「準備活動全般」のことである。つまり作戦を遂行するのに必要な戦闘力をつくり出す徴兵、訓練、武器の準備などを含めたものだ。

解説

直接戦火を交えることだけが戦うということではない

闘争に存在する二面性

数え切れないほどの戦争が古代から行われてきた。そして時代とともに、戦術や軍事技術はさまざまに変化してきたが、戦争の中心にある概念が「闘争」であることは変わらない。

クラウゼヴィッツは、この闘争に存在する二面性に注目し、2つに区分している。すなわち、闘争そのものである「狭義の戦争術」と、闘争および闘争以外の活動を含んだ「広義の戦争術」だ。

闘争以外の活動とは、闘争を行うための行動全般を指している。具体的には、武器や防具といった装備一式の製造、それらを使いこなすための兵士の訓練なども含まれる。

このように戦争術を区分することは、さまざまな要素が絡み合う戦争を分析し、戦争理論を構築するうえで、非常に重要なことなのだ。

事前の準備を怠らない

事業部に属するT氏は、人一倍のあがり症だった。そのため、プレゼンの際は、ほかのプレゼンターのパフォーマンスとくらべて、明らかに見劣りしていた。

だが、それでいて、T氏の企画はよく通った。なぜなら、T氏がデータの収集とその解析能力に秀でていたからである。

作成した資料には、本部長を納得させるだけの豊富な情報が、載せられているからだ。

T氏は、トークスキルなどパフォーマンスがものをいうプレゼンではなく、その代わりに、事前に集めておいた情報量と質で上司の厚い信頼を勝ち取っているのだ。

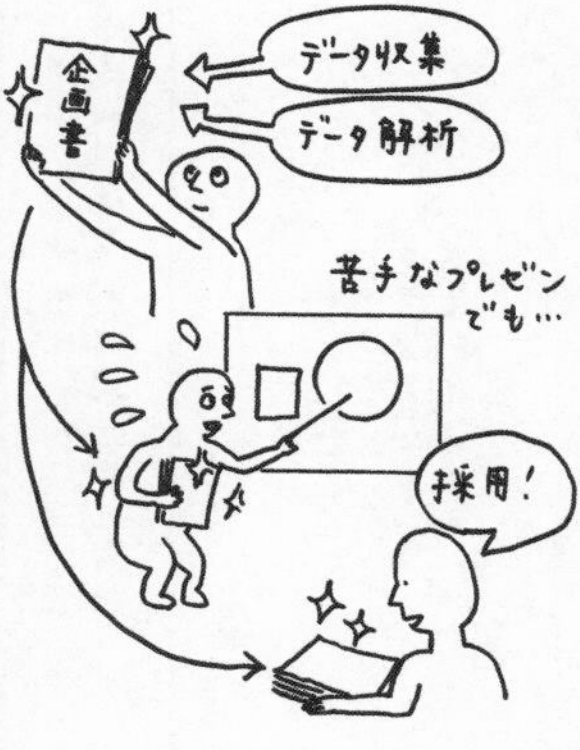

補給が滞ると軍隊は崩壊してしまう

戦闘力の保持だけを建前とする活動は、いずれも戦闘とは同一でない。それでもこれらの活動のうちで戦闘と最も緊密な関係にあるのは、軍隊の給養である。

（第2篇1章）

あらすじ

広義の戦争術は、戦力の行使である作戦、いわゆる狭義の戦争術と、戦力の維持のために行われる戦闘準備に大きく分けられる。そして、この両者は不可分の関係にある。

戦闘準備は性質上、2つに区分できる。①一面では闘争自体に属し、他面では戦力の維持に役立つもの ②純粋に戦力維持に用いられ、その結果として戦闘にある種の影響を与えるもの。

このうち②に含まれる給養は、戦闘ともっとも密接に関係しており、戦力維持に欠かさない。なぜなら、食糧はほとんど毎日すべての将兵に給与されなければならないからだ。

解説

兵士の力を万全とするには戦闘以外にも力を入れる

疲労回復と栄養補給

広義の戦争術とは、作戦行動で戦力の行使である狭義の戦争術（実際の戦闘）、並びに戦闘以外の戦闘準備のことだ。そして戦闘準備の目的は、戦闘を維持するためにあるため、戦闘準備なくして、戦闘の継続は不可能だ。

戦闘準備は2種類に区分される。1つは戦闘でも用いられ、戦力維持のため重用される行軍、野営や舎営のことだ。行軍は、地理的有利を得るための移動し、戦闘中外、どちらでも使われる。テントに泊まる野営は、戦闘準備を完了し、集結した各部隊の配置を意味する。家屋に泊まる舎営は、兵士の疲労を回復するために用いられる。

もう1つは、衣食の供給である給養、衛生や武器弾薬などの補給である。戦場において給養が滞れば、兵士の士気低下を招き、栄養不足により病気が蔓延し、軍隊が崩壊しかねない。

力を発揮しやすい環境を整える

日本には「腹が減っては戦ができぬ」ということわざがある。これは、現代のビジネスシーンにも当てはまる言葉だ。なぜなら、優秀な人材であっても、会社のバックアップなしでは能力を発揮できないからだ。

たとえば、休日出勤や残業が多いのに代休がとれない。また、まだ使えるからと効率を無視して、古いバージョンのパソコンを使い続けている、といったことがあげられる。

こうした状況が続くと、社員は不満を募らせていき、たとえ高い給与を払っていても、退職してしまうだろう。

そうならないためにも、休息や職場環境に関する制度は整えておくことが重要なのだ。

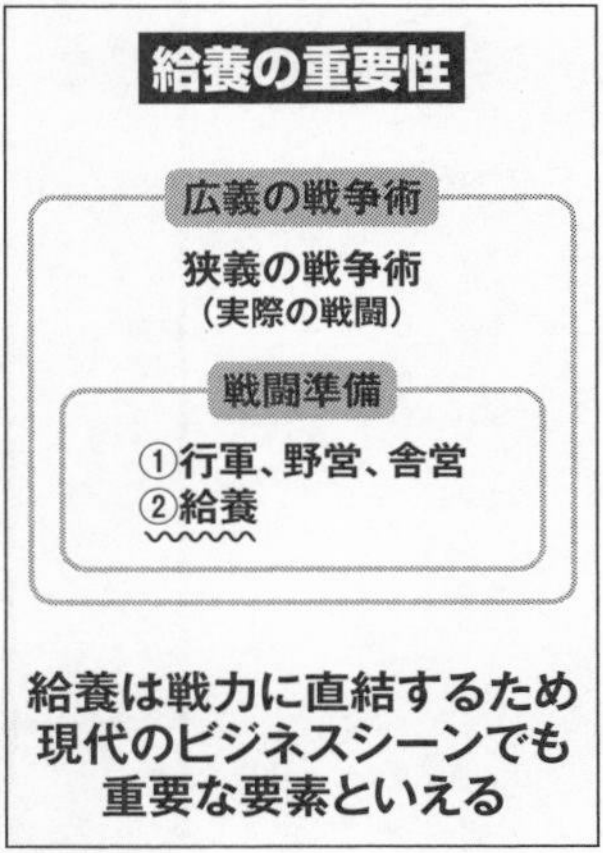

「戦術」と「戦略」の違い

戦術と戦略は、
空間的にも、
時間的にも相互に入り組んだ
2つの活動であるが、
本質的には
まったく異なった活動である。

（第2篇1章）

あらすじ

戦争は闘争、つまり個々の戦闘が多数集まったものととらえられる。戦闘力の使用に関する分野は、戦闘を実行する活動と、個々の戦闘を政治目的に結びつける活動に区分される。

戦闘である狭義の戦争術も、戦術と戦略に区分される。戦術の用途とは、個々の戦闘を形づくること、戦略の用途とは、戦闘の使用である。

この2つは空間的にも時間的にも似たような活動ではあるが、本質は異なっている。

解説

戦術の範囲は戦場に限られ戦略の範囲は戦場を超える

戦術と戦略の立ち位置

「戦術」と「戦略」の違いについて初めて定義したのが、クラウゼヴィッツであり、戦術と戦略を次のように定義している。

戦術とは、戦闘における戦闘力の行使に関する規範である。戦闘を有利に進め、勝つための方法だ。視点的には戦場という狭い範囲に限られる。

一方の戦略とは、戦争の目的を達成するために行われる戦闘に関する規範である。戦争に勝利し、政治目的を達成するために一連の戦闘を利用する方法だ。その視点は戦場を超えて、国同士といった広い範囲、大局を見据えている。

戦術と戦略の運用に関しては重なっている部分があり、しばしば混同されがちだ。しかし、この2つは戦場と戦争全体といった根本的な立ち位置が異なっている。

戦略を定めて戦術に移る

対前年で営業利益を10％アップするよう会社からノルマが課せられたとしよう。このノルマを達成するために、戦略と戦術を練るとするなら、どうするべきか。

まず戦略だが、前年の決算をもとにして、どこに利益を底上げするための余地があるかを徹底的に探る。たとえば、経費削減や外注を減らすといった方法があるだろう。

そうして対象をしぼり込めたのなら、今度はノルマ達成に向けて、社員それぞれが行動に起こす。これが戦術にあたる。

戦術とくらべて、戦略のほうがより広範囲な規範のため、まず戦略を定めてから戦術に移るのがセオリーだ。

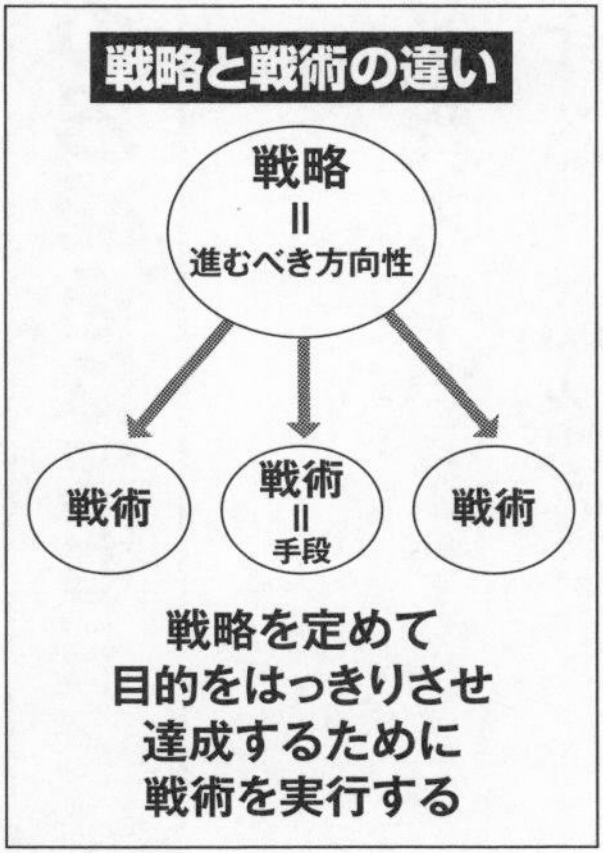

3つの要素が戦争理論の展開をはばむ

どんな理論も、
それが精神的な領域に触れるやいなや、
困難さが限りなく増大する。（中略）
誰もが、純然たる経験にもとづいて、
精神的な要素に
一定の客観的な価値が
与えられるべきことを疑っていない。

（第2篇2章）

あらすじ

最初、戦争術は戦闘力の準備とされていた。やがて、攻城戦の発達により作戦というものが考え出された。続いて、部隊の編成と戦闘序列の決定方法が研究された。しかし、軍団の運用の研究までには至らなかった。

やがて実戦の観察が戦史となり、批評が加わって戦争理論が生まれた。

だが、その戦争理論の基礎は物質的なものであって、精神については考慮されなかった。それは間違いであり、戦争には人間の精神や判断が深く関わっているのだ。

解説

精神に関わる3つの要素が戦争の大局に影響を与える

精神を取り入れた戦争理論

クラウゼヴィッツが登場する以前の戦争研究家は、兵数や武器数の優越、兵站《へいたん》やその補給の良し悪しなどから戦争理論を構築していた。そのことをクラウゼヴィッツは、現実を無視していると考える。現実的戦争には、人間の精神が深く関わっているからだ。

そして、その精神に関わる次の3つの要素が、単純な戦争理論の展開をはばんでいるという。

①敵対感情や勇気など精神的な力とその作用 ②互いに相手の裏をかこうとする心情——これにより互いがだまそうと考え過ぎて混乱し、戦況を予測不能にする ③すべての情報が不確定であること——戦場で飛び交う情報の大部分は偽の情報であり、これを見分けられるのは軍事的天才だとする。

これら3つの精神は戦争の大局に影響をおよぼすという。

相手の言い分をうのみにしない

新規案件の商談に臨むことになったとしよう。うまくいくよう、念入りに事前準備を行った。だが、そう青写真どおりに物事は運ばない場合が多い。なぜなら、数字面といった目に見える条件のほかに、商談相手の内心や思惑、建て前といった目に見えない部分が関係してくるからだ。

商談相手は本音を隠し、時には高圧的な物言いでゆさぶりをかけてくるだろう。だが、軽々しくその言い分をのんではいけない。こちらの不利益になるからだ。あくまで当初から予定している条件で商談を進めるべきだ。

このような心理的な駆け引きに惑わされず、相手の真意を見抜く能力を身につけなければならない。

大局に影響する3つの精神要素

①敵対感情や勇気など精神的な力や作用

②裏をかこうとする心情

③不確定な情報

冷静に分析し相手の真意を見抜く能力が必要となる

2つの要素で戦争理論は展開できる

対象の客観的な区分からいってても、
困難さはどこでも
同じように大きいわけではない。（中略）
要するに、戦術では
理論の困難さが
戦略よりもはるかに少ない。

（第2篇2章）

あらすじ

戦争理論を構築することをはばむ要素もあるが、一方で理論化を可能とする方法も2通りある。

第1に、地位によって理論化の難易度が異なることを理解することだ。軍隊での指揮は階級が低いほど権限は制限され、取り得る目的や手段の数も減る。つまり、将軍などが判断する戦略レベルは難しいが、階級の低い者の戦術レベルは容易ということだ。

第2に、戦争理論を軍事行動の指令を基礎とするならば、戦場で起こることすべてに対応するのは不可能だ。しかし経験にもとづけば、理論の構築も可能となる。

解説

他人の経験を批評すれば自分の才能とすることができる

地位が高いほど理論化は困難

戦争理論の展開に、精神の存在はさまたげになる。しかし、次の2つの要素を理解することで展開は可能になる。

①立場や地位に比例して、理論化が難しくなる――戦場で実際に戦うような軍人は階級が低く、戦術レベルでの判断力や戦闘知識が必要とされる。一方、階級の高い将軍などは、戦場での判断力だけでなく、あつかう情報は政治目標や他国との関係といった戦略レベルのものであり、重要で大量になる。それらの情報の理論化は、階級の低い軍人の戦術レベルにくらべて、非常に難しい。

②歴史的事実などの経験を使う――戦争理論はそれだけでは役立てられない。ただし、他人の経験である戦史を批評することで自分の経験、つまりは才能にすることができ、困難な状況でも適切に判断できるようになる。

実践『戦争論』

役職に応じた知能が必要とされる

部下と上司では、当然、取りあつかう知識と、求められる能力はまったく異なる。

たとえば、営業活動など最前線で戦うビジネスマン（部下）は、個々の顧客に応じたトーク術や高いコミュニケーション力、交渉力といった能力が求められる。

一方で、それらをまとめる立場にある上司は、個々の部下の状況を把握しつつ、目標数値の管理や、部署全体の統制をとるなど、部下よりも知識と能力が重要で大量になる。

これらを理解することで、自分の置かれている立場や求められる能力を適切に判断できるようになり、欠かせない戦力として行動することができる。

知識と能力が戦争理論に必要とされる

知識は、
みずからの精神と実生活に
完全に同化することによって、
真の能力に
転化されなければならない。

（第2篇2章）

あらすじ

戦争における知識は極めて単純であるが、実行は容易ではない。

軍隊内の階級により必須となる知識も異なる。低い地位ならその対象は小さく局所的であるが、地位が高いと、大きく広くなければならない。

戦争では、精神の作用により状況が変化するので、指揮官は自分の知識の中の精神的な機能をとらえ、いつでも瞬時に決断をくださなければならない。

解説

知識だけでは足りない 重要なのは決断して行動すること

地位ごとに必要とされる知識

ここでいう「知識」とは戦争理論を知っていることであり、「能力」とは実行できることだ。クラウゼヴィッツは、両者は別のものであると考えた。

戦争における知識は、国力や軍事力などにまつわる細かい情報が整理することで単純化できる。たとえば、一国の軍隊の軍事力を考えるとき、わざわざ大砲の構造や火薬量からでなく、部隊を単位とした火力を積算して考えることで知識の量を減らせる。

また地位によって、必要とされる知識は変わる。将軍にもなると、国政の方針など高度の国家活動にも精通していなければならない。反対に地位が低ければ、戦術レベルの知識で足りる。

この戦争における知識を身につけたうえで、戦況がつねに変化する戦場において、即座に決断をくだし、行動に起こす能力が必要とされる。

決断して行動に起こす

知識（情報）は日々、更新され、蓄積されていく。当然、上司1人では部署全体の大量の情報は把握できない。というより、把握する必要はない。

　まずは、部下それぞれが個々に集めてきた情報をまとめる。そうしてまとめられた情報を上司は把握し、その情報などを参考にして、総合的に判断し、行動に移せばよい。

　それぞれが、それぞれの地位に応じた情報を持ち、地位にもとづいた職責をこなせば組織はうまくまわるのだ。

　気を利かせて、自分の担当以外の情報について相談もなく、勝手に動いてはいけない。もし情報に誤りがあった場合、組織全体として悪い影響を与えかねないからだ。

マニュアル（方法主義）を排除する

この方法主義を甘受した場合の
唯一の弊害は、
状況が知らぬ間に変わっていても
やり方は残るので、
個々の事例から生じたやり方自体が、
容易に時代に即さなくなることである。

（第2篇4章）

あらすじ

方法主義とは、戦闘行動を1つの方法によって規定し、それに厳密に従うことであり、ある一面においては有効であるといえる。

この方法主義の適用が有効なのが、訓練である。同一の動きを反復することで、部隊の指揮における兵士の熟練度、正確性や確実性が向上することができる。

一方で、状況が変化しても、あくまで規定された方式を守ろうとするところが問題となる。新しい戦法に対応できずに完敗する例も、戦史では数多く存在する。方法主義は臨機応変に対応できない、精神の貧困を生むのである。

解説

昔からのマニュアルにこだわると時代の変化についていけなくなる

方法主義を重視することの弊害

方法主義、すなわちマニュアル主義とは、以前から実行されてきた物事を重視し、それに厳密に従うことである。

クラウゼヴィッツはマニュアルの有効性を認めている。部隊の行進や銃器のあつかいなどの機械的な行動は、マニュアルに沿って訓練をかさねるほど習熟するからである。

一方、方法主義の盲信を否定する。

個人に判断させることを禁じ、頭で考えることを放棄させるからだ。

もし戦争計画が、方法主義によって機械的に作成されたならば失敗することは目に見えている。戦争の方法や形式は時代とともに変化しており、従来の方法に固執し続ければ、時代に取り残されていくだろう。実際、プロイセン軍は昔ながらの戦術にこだわるあまり、機動力と柔軟性に富んだナポレオン軍の前に敗北している。

マニュアルにこだわらない

効率よく仕事をするためのノウハウがマニュアルにはつまっている。極端なことをいえば、マニュアルの内容を完全にものにすれば、職場では欠かせない戦力となるだろう。

しかし、注意しないといけないのは、マニュアルにこだわりすぎると、マニュアルに載っていないことは行わず、柔軟な対応ができなくなってしまう。もし得意先でミスをしたとき、その対処方法がマニュアルに載っていただろうか。もし同僚と業務について言い争いになったとき、その解決方法がマニュアルに載っているだろうか。

そうしたマニュアルに載っていないことまでに対処できるようになって、初めて一人前の戦力といえるのだ。

想定外の事態への対処

マニュアルのみ

マニュアルは有効だが
こだわりすぎると
想定外の事態に対処できない

マニュアル＋思考

自分の判断を加えることで
想定外の事態にも
柔軟に対処できる

過去に起こったできごとを重視する

批評における手段の考察に際して、しばしば戦史を引用しなければならないのは当然である。というのは、戦争術においては、経験があらゆる哲学的真理よりも価値が高いからである。

（第2篇5章）

あらすじ

批評とは歴史上の疑問を探求したり、適用された手段を検討したりすることだ。批評の際、史実の引用は必要である。理論の真理より経験が重要なのだ。

しかし批評には、一面的な体験の踏襲や歴史的な実例の乱用などの弊害もある。

だが歴史的な実例は、経験科学において最大の証明となる。なぜなら戦争学の基礎となるさまざま知識が経験科学だからだ。

解説

理論だけでなく史実を引用して戦争の本質を探求する

史実を引用して批評を展開

経験科学とは、過去に経験した出来事（史実）を研究する学問のことだ。そもそも戦争理論は机上の空論にすぎないが、これに史実を組み合わせることで、初めて戦争の本質を認識できるという。

クラウゼヴィッツは、批評が物事の改善をうながすと考え、『戦争論』において多くの史実を引用したうえで、批評を展開している。

批評の内容とは次のようなものがある。①疑わしい事実を歴史的な観点で探求し確定すること ②原因から結果を推測すること ③使用された手段、行動を考察すること。

それと同時に、人々は史実を乱用しがちだとして批判もしている。自分の理論に合った史実をわざわざ探し出してきて利用することに、警鐘を鳴らしたのだ。

理論と過去の実績を参照する

ビジネスシーンにも理論にあたるものがある。よく耳にするさまざまな「ビジネスモデル」はそのうちの1つといえるだろう。

この理論と「ビジネスモデル」を適用して、成功を収める企業などの実績」などの史実を組み合わせて探求すれば、事業や戦略の本質が認識でき、物事の改善につながる。

しかし、自分の意見や主張を押し通そうとして、史実を乱用するのは要注意だ。あくまで史実は考察の材料にすぎないからだ。

理論や史実をもって批評することで物事の本質を見極め、最終的には知識や自身の経験をもって判断や行動をしていかなければならない。

本質を見極めるのは過去の実績から学ぶ

批評
=
本質を見極めること

「理論」と「過去の実績」を組み合わせることで本質を認識できる

↓

批判が物事の改善をうながす

Part.4
戦略の構築が物事を優位に運ぶ

戦略はあらゆる段階の指針とされる

戦略によって、戦争計画が立案され、
この目的を達成するための
一連の行動が目標に結びつけられる。
すなわち、戦略によって
個々の戦役の計画が立てられ、
その戦役における
個々の戦闘が配列される。

（第3篇1章）

あらすじ

戦争目的を達成するために戦闘を使うならば、戦略はすべての軍事活動に、この目的に合った目標を示さなければならない。

戦略は、直面する事態とその相互関係を明らかにし、いくつかの原則や規則を導き出せる。

精神面で、戦術レベルより戦略レベルは重要な意味を持つ。戦術レベルの場合、事態は早急に動き、判断より勇気が必要となる。一方、戦略レベルでは、事態は緩慢に動くが、その規模は大きく、判断には他者からの意見が採用されやすい。さらには事態の進行を予測しなければならない。

解説

戦術より高度な戦略を指針とし戦争計画や作戦が修正される

戦略における精神的要素

戦略とは、政治目的を達成するために用いられ、戦闘において勝つための方法である戦術とくらべて、より高度なものだ。さらに、政治的な要素を含んでいるため、将軍など地位の高い者にとっては必須のスキルでもある。

また、長期にわたる戦争や作戦といったあらゆる段階で戦略は指針とされなければならない。仮に、戦況の変化にともなって戦争計画の見直しに迫られた場合は、戦略にのっとった形で計画は修正される。

クラウゼヴィッツは戦略を論ずる際、精神的要素にも注目するとともに、それまでの戦略論が戦力の比較といった数学的な面しか評価してこなかったことを批難している。

戦争や外交で求められる高度な判断や決断といった精神的要素も、戦略レベルにおいては必要とされるからだ。

状況に応じて柔軟に変更する

当初想定していたプロジェクトの内容が変更になるのは、よくあることだ。取引先の事情であったり、社内のトラブルだったりと、その理由はさまざまあるだろう。

もし、そうなった場合でも、現場に投入する人員の増強や予算を増加といった戦術レベルの物事は、状況に応じて柔軟に変更しても構わない。

ただし、間違っても、目標やビジョン、コンセプトといった、より高度な戦略を変更してはいけない。それをしてしまっては、プロジェクトそのものの破たんを意味している。

あくまでも、戦略という軸は変えることなく、戦術を柔軟に変更することが肝要なのだ。

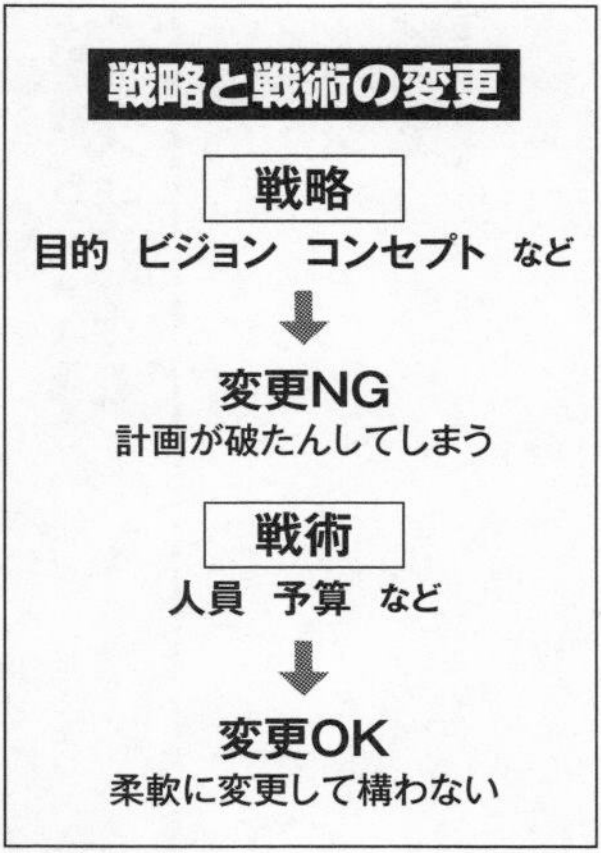

5つの要素が戦略には欠かせない

戦略において
戦闘の使用に関する要因は、
各種の要素に適切に
分類することが可能である。
すなわち、精神的要素、物理的要素、
数学的要素、地理的要素と
統計的要素である。

（第3篇2章）

あらすじ

戦略的要素には、その性質から次の5つがある。①精神的要素――戦場での勇気や判断などのこと②物理的要素――戦闘力や物資、兵器の量などのこと③数学的要素――作戦方針などのこと④地理的要素――山川などの地形から受ける影響のこと⑤統計的要素――統計的に計算できる兵の休息や補給品などのこと。

これらの要素に区分してみることにより、戦略理論への理解を容易にし、それぞれの要素が持つ価値の大小を大局的に見ることができる。

解説

戦力の大きさよりも精神力の影響のほうが大きい

相互関係にある5つの要素

クラウゼヴィッツは、戦略に見られる軍事力を、以下の5つの要素に分類している。

①精神的要素――勇気や判断など戦場で必要な精神全般のこと。なお、クラウゼヴィッツはこの精神をもっとも重視している。

②物理的要素――軍の戦闘力や量、編成、兵器の割合を指す。一般的には、この要素が重視されている。

③数学的要素――作戦の方針といった軍事行動の計算にあたる。

④地理的要素――土地から受ける影響のこと。山地や河川、道路を指す。

⑤統計的要素――兵の休息をはじめ、補給のための手段や兵站（前線のための補給）を指す。

いずれの要素も戦場で必ず存在し、相互関係にあることから、個々の要素を同時に理解する必要がある。

モチベーションを大切にする

解説の①〜⑤の要素は次のように置きかえられるだろう。モチベーション、コスト、スケジュール、労働（職場）環境、マーケティングだ。

いずれも、ビジネスにおいても重要とされている要素だが、その中でも、モチベーションが重要といえる。

コスト、スケジュール、労働（職場）環境、マーケティングは、調べる、導き出すといった人の手によって行われるものだ。

そして、その精度や効率の程度は、人のモチベーションに左右される。モチベーションが高ければ、精度の高い作業が迅速に行われる。一方、低ければ、効率が悪いうえに大きなミスが生まれるリスクも高まる。

3つの精神力が戦略に欠かせない

各種の精神的な力は、戦争のすべての要素と関連性を持ち、全戦力を動かし、指揮する意志と緊密に結びついて一体となっている。すなわち、意志そのものが精神的な力なのである。

（第3篇3章）

あらすじ

精神力は軍事行動の全体に影響をおよぼす。戦地の住人の心理状態や、戦勝および敗軍の精神上の影響は深刻な影響を与える。これらの考察は難しいが、戦史はつねに精神力に価値があることを示している。

精神力としては、次の3つがあげられている。①将軍の才能―戦争の指揮官が身につけていなければならない判断力や知性など②軍の武徳―軍人が身につけるべき、軍務や軍規への服従や統制の取れた高い士気など③軍隊における国民精神―国民自身が自分の所属する国家を守ろうとする気概など。

これら①〜③の精神的要素は、いずれも同じく重要であり、戦争において大きな影響をもたらす。

解説

国民全体の精神が軍隊の士気に関わるように

三者三様の精神

精神的要素としては、次の3つの力が主要なものとしてあげられる。

①将軍の才能――「軍事的天才」という能力のこと。将軍は強固な意志や判断力、知性、実行力などを身につけなければならない。

②軍の武徳――軍隊において服従や規則、秩序などに従う統制のとれた高い士気のこと。戦場で必要な能力を身につけ、私心を捨て任務をまっとうする精神力が重要だ。ただし、単なる勇敢さや戦争への熱狂とは異なる。

③軍隊における国民精神――軍隊の兵士個人が、みずからを独立した国家の国民と認識し、祖国のために戦う精神のこと。フランスでは革命によって王のための軍隊がなくなり、国軍は国民で組織されるようになったため、戦争継続には国民全体の精神が影響をおよぼすようになった。

リーダーシップを発揮する

仕事のできるリーダーがプロジェクトチームを率いると、結束力が固くなる。これはリーダー自身が強固な意志や判断力、知性、実行力を身につけていて、統制が取れているからにほかならない。

リーダーシップを発揮すると、率いられる部下もプロジェクトにかける熱意が高まり、パフォーマンスを上げることができる。

反面、リーダーが強固な意志や判断力、知性、実行力を備えていないと、部下は積極的にはついていこうとしない。自分より劣っていると上司を見下すからだ。当然、そんな気持ちで仕事をこなしたとしても、高いパフォーマンスは発揮されない。

相手を上回る戦力をそろえる

これらの戦力が
十分であるかどうかに関わらず、
持てる手段の許す限り
最善を尽くすことが重要である。
これが、戦略における第一原則である。

（第3篇8章）

あらすじ

敵味方の兵装や軍事技術が対等で、地形なども同じ条件と仮定すれば、勝敗は兵士の数で決定する。戦力比が2倍、3倍と大きくなるほど戦力の優越は大きくなる。

19世紀前半のヨーロッパでは、すぐれた将軍でも2倍の戦力の敵に勝つことは困難だ。そのため、勝つための原則の1つは、できる限りの軍隊を戦場に向かわせることだ。

ただし、戦力の量を決めるのは政府である。たとえ絶対的に優勢でなくとも、将軍は限られた兵数をうまく運用し、相手より優勢な立場にならなくてはならない。

解説

勝利の確率を上げるには相手を上回る兵力を動員する

2倍の兵力に勝つのは困難

戦争で勝利するための最もオーソドックスな法則といえば、相対的な戦力の優越、つまり自軍の兵数が相手を上回っていることである。仮に、両軍の能力が互角であれば、兵数が多いほうが勝つ。このことをクラウゼヴィッツは、史実をあげて考察している。

ナポレオンはドレスデンでの戦いにおいて12万の兵力を動員し、22万の相手に勝利する。一方、ライプチヒの戦いでは、16万の兵力で28万の敵に敗れている。ナポレオンといえど、大きな戦力差を覆せなかった。

だからといって、相手を上回る戦力を用意することは簡単ではない。将軍が率いる兵数は、政府によって決められているからだ。

たとえ、相手を下回る兵数しか動員できなくとも、その兵数をもって戦わなければならない。

マンパワーを確保する

「量より質」が大事ということはよく聞かれる。たしかに、1つひとつの質がよいのに越したことはない。

だからといって、数を少なくしてよいという話ではない。数が多いことはさまざまなメリットがある。

マンパワーが多いほど1人ひとりの作業の負担は減り、作業の速度も上がる。それだけでなく、「三人寄れば文《もん》殊《じゅ》の知恵」ともいうように、マンパワーが多いほど、たくさんのアイデアが生まれ、その中からよりよいアイデアを選択することができる。いわば「量から質」というわけだ。

コストとの兼ね合いもあるだろうが、可能な限り、マンパワーは確保しておくべきだろう。

マンパワーを確保するメリット

①1人あたりの仕事量が減り負担が軽減される

②全体の作業速度が上がり多くの仕事をこなせる

③多くのアイデアが出されより良いアイデアを選択できる

↓ つまり

できる限りマンパワーを確保しておくのが好ましい

「奇襲」と「詭計」の違い

奇襲は戦力の優越を
獲得する手段であるが、
これに加えて、
その精神的な効果を考えれば、
1つの独立した原則とも
見なされなければならない。

（第3篇9章）

あらすじ

相手より優位な立場になるのに、奇襲という方法がある。奇襲の実行によって、敵に甚大な精神的効果を与えられる。

本来の意図を隠して敵を混乱に陥れ、判断を違わせることを詭計《きけい》といい、あざむくことに近い。しかし、敵をあざむくために偽の情報を流したりすることは、あまり効果はない。

また敵をだますため、偽の軍を配備することも無駄である。そのため、優秀な指揮官は詭計をあまり用いない。

解説

成功する条件がそろえば奇襲は有効打となり得る

運用が限定される詭計

戦場で敵より優位な状態になるためには、「奇襲」と「詭計」という2つの手段がある。

奇襲は敵の意表を突き、反撃のすきを与えない攻撃だ。成功させるには、秘密の保持と迅速さ、タイミング、適確な地形という諸条件がそろっていなければならない。下手をすれば、敵軍に反撃されるが、成功すれば、敵を混乱させ、士気を大きく下げられる。

詭計は、陽動作戦や偽の情報を流すことで敵をあざむき、翻弄《ほんろう》することだ。

クラウゼヴィッツはこの詭計に否定的だ。陽動作戦が戦略的な効果を上げた例がなく、時間と戦力を費やすリスクがある割に効果が薄いと結論づけている。

そのため、詭計を実行するのは戦力不足や、勝算が尽きた特別なときに限られるという。

実践『戦争論』

人をあざむく代償は大きい

職場のライバルを出し抜いて、成果をあげるには、速さやタイミングが大事だ。たとえば、会社からの指示で、いわれたことを期日どおりに仕上げたとしよう。しかし、当たり前のことを当たり前にしただけで、会社は最低限の評価しかしない。

それが、期日より早く、しかも指示された範囲内で精度の高いものに仕上げられたのなら、想定以上のものに会社は高く評価してくれるだろう。ライバルとも差をつけられる。

ただし、スピードを重視するあまり、精度の低いものを期日より早く仕上げたとしても、ビジネスにおいてもっとも重要といえる信用を失うことになるので、注意が必要だ。

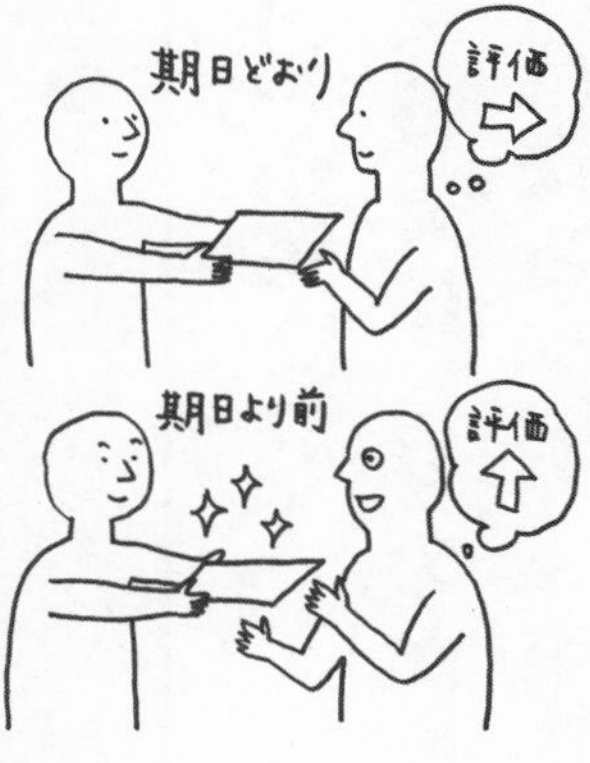

「空間」と「時間」を意識する

ある戦略的な目的のために指定され、保有されているすべての戦力は、そのために同時に使用されなければならない。

そして、このような戦力の使用は、すべてが1回の行動と決定的な瞬間に集中されればされるほど、より完全なものとなる。

（第3篇12章）

あらすじ

戦場で優位になるには多くの兵数が必要だ。ただし、使える兵数に限りがある場合は、将軍は戦力を集中的に投入する必要がある。

戦力の集中には空間上と時間上のものとがある。空間上に戦力を集中する場合には、なるべく戦力の分散を避けねばならない。時間上に戦力を集中する場合には、戦力の逐次投入は原則として避けなければならない。

戦略上の目的で戦力を使用するならば、同時に同一の場所において、同一の行動をとることを徹底すれば、効果はてきめんだ。

解説

戦力は集中投入してこそその真価を発揮する

分散と逐次は要回避

戦場において相手を下回る兵数であっても、優勢となるための有効な手段が戦力の集中である。

ナポレオンは、敵の守りが薄くなった個所に戦力を集中させ、敵陣をなぎ倒す戦法を何度も実行している。

空間上における戦力集中の例として、部隊を2つに分け、敵を2方向から挟み撃ちにする戦いに関する記録が数多く残っている。しかし、こうした戦力の分散は、それぞれの部隊が各個撃破されるリスクが大きい。

時間上の戦力集中では、保有している戦力を同時に投入することが理想だ。その反対に避けなければならないのが、戦力の逐次投入だ。段階的に戦力を投入すると、その都度、敵に撃破される恐れがある。

戦力を一点集中させたり、一挙投入したりすることは、戦いの原則である。

得意とする分野をさらに伸ばす

事業の多角化に乗り出して失敗する企業は多くある。

たとえば、店舗の数を増やす、それまで手掛けていた事業とまったく関係のない事業に進出するといった例だ。その結果、せっかくの新店舗は閉店に、新事業は安く切り売りするといった事態に追い込まれる。

一方、自社の得意とする分野へ集中的に経営資源を一挙に投入する「選択と集中」という経営手法もある。

選択と集中は、多角化とくらべ、大きな成長は見込めないかもしれない。しかし、既存の事業を見直すため、大きなリスクがなく、成長の余地を見出せる可能性が高い。選択と集中が、ビジネスにおける戦略の定石といえる。

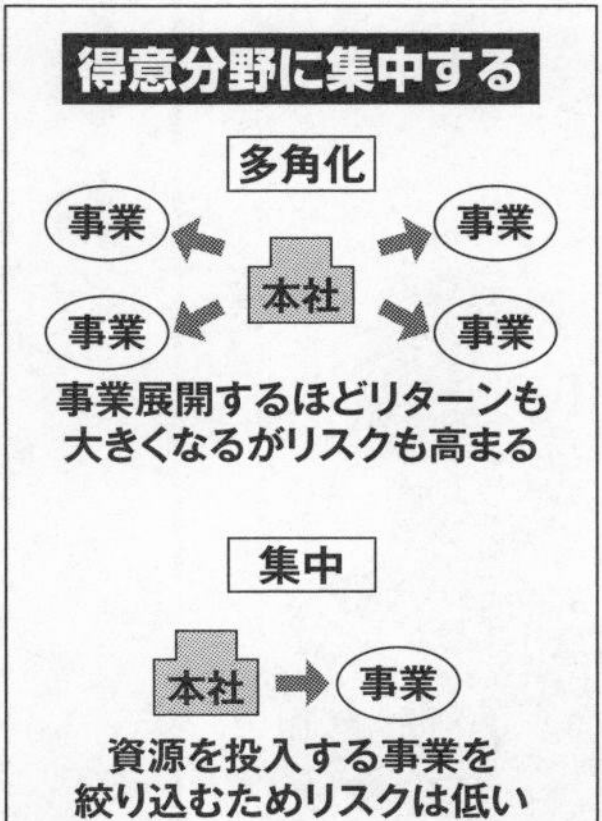
得意分野に集中する
多角化
事業
事業
本社
事業
事業
事業展開するほどリターンも
大きくなるがリスクも高まる
集中
本社
事業
資源を投入する事業を
絞り込むためリスクは低い

戦術的な予備軍を用意しておく

予備には、
それぞれ区別される
2つの使命がある。
すなわち、第1に戦闘の継続と
新たな戦力の投入であり、
第2に予測できない事態への対応である。
（第3篇13章）

あらすじ

予備戦力の使命は次の2つがある。①戦争を継続するために部隊を交代、あるいは新たな部隊を増援すること。②予測できない事態を予防すること。

まず①は戦術的任務に属し、一方で②は戦術的任務、または時として戦略的任務を帯びる。

しかしながら、戦略的には、決戦で持てる戦力のすべてを集中的に投入しなければならないので、予備軍の存在は矛盾する。

そのため戦略上は、あらかじめ不測の事態に備えて予備軍を用意することはない。

解説

雌雄を決する戦いにおいて戦略的な予備軍を置く必要はない

戦力集中の原則に抵触

予備軍は、後方で予備として備えている軍隊であり、2つの目的がある。

①戦場での戦闘継続のために、新たに戦力として投入される。戦闘継続が目的のため、戦略とは無関係で戦術的予備軍が担当する。

②想定外のできごとへの対応が求められる。1つの戦闘に対応するのは戦術的予備軍、多数の戦闘が行われている戦場全体に対応するのが、戦略的予備軍である。

クラウゼヴィッツは、その両方が必要だと考える一方、戦略における矛盾を提示している。戦略で勝つためには戦力を集中しなければならないからだ。だが決戦において、ほかの部隊と同時に投入されない予備軍の存在は、その原則に反しているという。そして、決戦において全戦力を投入することの重要さを説いている。

トラブルの大小で戦力を変える

すべてが事前に立てたプランどおりにいくことはまれであり、何かしらのトラブルに見舞われるものだ。そのため、トラブルを想定して、備えておく必要がある。

まず小さなトラブルが発生した場合、戦術的予備を投入する。具体的には、同じプロジェクトチームの中から人員を割いて対応させる。そうするためには、余裕を持ったスケジュールをあらかじめ組んでおくことだ。

その一方、プロジェクトの根幹をゆるがすような、大きなトラブルが発生した場合、予備の投入などと悠長なことはいってはいられない。全戦力をすぐさま投入して、全力でトラブルに対処するしかない。

戦術的予備と戦略的予備

戦術的予備

人員や予算の投入　など

プラン（戦略）継続や
想定外の出来事への対応で
投入される予備戦力

戦略的予備

プランの変更案　など

プラン全体に関わる予備だが
実際は全戦力を投入して
対処するしかなくなる

非効率な戦力の運用は避ける

我々は、すべての戦力を
つねに合一させておく、あるいは、
いかなる戦力も無駄にしないように
つねに注意することを、
このような単純化された原則として、
あるいは精神的な
支えとしての観点から見ている。

（第3篇14章）

あらすじ

戦力は節約されなければならない。

戦力の浪費はいましめられ、そのすべての戦力は動かされなければならない。言いかえれば、戦力の一部であっても無駄な活動をさせてはいけないということである。

たとえば、必要以外の場所に部隊を配置したり、あるいは決戦が近いにも関わらず、戦力の一部を行軍させたりすることだ。

このような戦力の使い方はつたないというよりも、もはや害である。

解説

戦力の経済的な運用を心がけ戦力を無駄に運用しない

無駄を避けて戦力を温存

クラウゼヴィッツは、決戦に使用される戦力を温存するため、通常の戦力は目的に合った運用だけを心がけるよう説いている。つまり、無駄な行動をとらせないようにすることが大事だというのだ。

無駄な行動とは、たとえば、敵が緩慢な動きをしているからといって、持ち場を離れて勝手に攻めること。または、近くの味方部隊が敵に攻撃されているにもかかわらず静観していることなどだ。

これらの戦力の運用は、経済的とはいえない。すべての戦力は遊ばせておく余裕はないからだ。すべての部隊に目的を持たせて、効率的に運用することが戦場では重要なのだ。

また、戦力を経済的に運用することは戦力の分散を防ぐことにもなり、戦力集中の原則にもかなっている。

無駄な戦力を出さない

社員1人ひとりの個性や自主性を尊重することは重要だ。しかし、リーダーはチームの戦力の分散を防ぐために、手綱をゆるめすぎてはいけない。

部下たちが上司の指示なく持ち場を離れて行動したり、逆に戦力を必要としている場面で静観していたりする状態では、経済的に戦力を運用しているとはいえない。

このような場面では、きちんとリーダーが指導し、戦力をコントロールしなければならない。有限である戦力を遊ばせておくほど、無駄なことはないからである。

チームや部下に目的を持たせ、効率的に戦力を運用することがビジネスシーンでも重要なのだ。

Part.5
攻守を使い分けて駆け引き上手に

防御は攻撃的要素も兼ねている

防御的な戦争の方式は、
単なる盾のようなものではなく、
攻撃的要素も
巧みに組み合わせた
盾でなければならない。

（第6篇1章）

あらすじ

防御とは、敵の攻撃を阻止することだ。その特色とは、敵の攻撃を待ち受けることである。ただし、絶対的な防御は、つねに敵だけが戦争を遂行することになるので、闘争という戦争の概念とは矛盾してしまう。

だから、実戦の防御はつねに相対的なものであって、絶対的でない。

防御自体の目的は、現状維持に近いが、その内面には、攻撃的要素も含んでいる。たとえば防御的な戦いにおいても相手に攻撃的な打撃を加えたり、防御的な戦いで個々の師団を攻撃的に運用したり、敵の突撃に対して陣地から攻撃的な射撃を浴びせたりする。

解説

防御と攻撃は表裏一体の関係にある

受け身で終わらない防御

戦争における代表的な戦術には、「防御」と「攻撃」がある。

防御とは、敵の攻撃を阻止することだ。また、これ以上戦況を悪化させないようにするという目的もある。

防御の特質は、敵を待ち受けるという受動的なものだ。敵の攻撃を受ける戦闘は、規模はどうであれ、どれも防御と考えられる。

防御の本質は受け身であり、理論上は敵を攻撃せず、敵の攻撃から自軍を守ることが基本になる。しかし、それでは自軍の戦力を消耗していく一方になってしまう。

現実的戦争における防御は、受け身だけでは終わらない。国土に侵入してきた敵軍の撃退、または戦力が低下した敵軍への反撃、占領された陣地の奪還など、これら防御的な戦闘にも、攻撃的要素が含まれているのだ。

守りの経営を基本とする

「攻めの経営」と「守りの経営」という言葉がよく聞かれる。具体的にいうと、前者は、事業の拡大や新規の顧客の開拓に打って出ることなどだ。後者は、既存の事業を見直して、提供するものやサービスのクオリティーを高めることで、個々の顧客の単価を高めることなどがあげられる。

攻めの経営にくらべると、守りの経営はリスクが少なく安心できるかもしれない。だが、既存の事業に依存し、事業の停滞し、先細りとなる状況になってから慌てて動いても遅い。

そうならいよう、将来を見据えて、守りの経営一辺倒ではなく、機を見て、攻めの経営を取り入れていくことも重要なのだ。

防御は攻撃よりもすぐれている

あえて断言するならば、
防御という戦争方式
それ自体としては、
攻撃よりも強力であると
いわざるを得ない。
この結論こそ、
我々が強調したいことである。

(第6篇1章)

あらすじ

防御の目的は戦況の維持にある。維持は、攻撃の目的である新たな獲得よりも容易だ。ゆえに防御は攻撃よりも容易である。待ち受けることができることから時間的な余裕が生まれ、防御を攻撃よりも有利にするのだ。

また、地形を利用できることも、防御が攻撃に勝るもう1つの利点である。

一般的には、攻撃にくらべて防御は軽んじられている。しかし、昔から劣勢な軍が攻撃を選択し、優勢な軍が防御を選んだ例はほとんどない。攻撃を好む指揮官であっても、防御が攻撃よりも強力であると理解しているからだ。

解説

「時間」と「地の利」が防御側の有利に働く

無駄な時間は防御側のメリット

防御は攻撃よりも強力な戦術であると、クラウゼヴィッツは見なしている。そして、次の2点をその理由としてあげている。

①あくまで維持が目的である――攻撃側を待ち受けて、現状の戦線を維持することは、優位に立とうとしてくる攻撃側よりも容易なことだ。

また、攻撃側による判断の誤りをはじめ、恐怖や怠慢によって攻撃が中断されるといった無駄な時間は、戦線の維持を目的とする防御側のメリットとなる。

さらに、攻撃側が前進しようと準備している時間を利用して、防御側は陣地や障害物を整え、強化することもできる。

②地形を利用できる――防御側は、攻撃側を待ち受けるのにふさわしい有利な地形を選ぶことができる。

攻めの経営は慎重に

「守り」というと、保守的だなどと、よいイメージを持たれないことがしばしばある。

その反対に、新事業へのチャレンジなど、攻めの姿勢を打ち出すことがよいことだと、世間でもてはやされることが多い。

しかし聞こえはよいが、攻めの経営を打ち出すのは、慎重を期す必要がある。知り合いのいない、土地勘もない土地で新たに店を構えるようなものだからだ。

常連の顧客がついていて、今の事業が安定しているのならば、無理に攻めの経営に切り替えなくてもよいのだ。行うとしても、既存の事業の見直しで十分といえる。

攻めと守りの経営の違い

攻めの経営

- 新事業に手を広げる
- 新規の顧客を獲得する など

リスクを承知で将来を見据えて動く

守りの経営

- 既存の事業のクオリティーを高める など

リスクは少なくてすむが成長性は低い

6つの要素が防御側を勝利に導く

戦闘中に若干の部隊が
諸方面から敵を攻撃するのは、
攻撃者よりも
防御者にとって容易である。
防御者は、上述したとおり、
攻撃の威力と形式とを随宜《ずいぎ》に使用して
容易に奇襲を実施し得るからである。

（第6篇2章）

あらすじ

戦術レベルの戦闘において、攻撃よりも防御を決定的に有利とするのは次の3つの要素である。①奇襲 ②地形の有利 そして③諸方面からの攻撃、だ。

これらの要素に関して、攻撃側は奇襲と諸方面からの攻撃の一部分を利用できるにすぎない。一方で防御側は、奇襲と地形の有利、そして諸方面からの攻撃の3つの要素すべてを、もれなく利用することができるのだ。

そのうえ戦略レベルになると、①~③に加えて、④要塞や補給基地などの使用 ⑤国民の支援 ⑥すぐれた精神力の活用、が戦争を有利とする要素に加わる。要塞の使用や国民の支持も、自国内で戦うことになる防御側にとって攻撃側より有利に働く。

解説

戦いを有利に導く要素は攻撃側より防御側のほうが多い

防御側のみにメリット

戦術レベルでは次の3つの要素が、攻撃側よりも防御側に有利に働く。

①奇襲――攻撃側は全戦力で奇襲できる利点がある。防御側は部隊ごとに絶えず奇襲をかけられる ②地の利――防御側にのみメリットがある ③諸方面からの攻撃――攻撃側は、全軍で防御側を包囲して退路を断てる。防御側は、包囲した攻撃側の部隊を迂回《うかい》して奇襲できる。地の利も活かせば、効果はさらに大きい。

戦略レベルでは次の要素が増える。

④要塞や補給基地など――攻撃側が防御側の領土に深く侵攻するほど、補給などが困難になる。防御側は、要塞から補給などを受けやすい ⑤国民の支持――自国での戦闘で、自国民は防御側の強い味方となる ⑥強い精神力――攻撃側と防御側、それぞれが優越感を持っている。

動かずに相手の出方をうかがう

新興企業が新たな事業に参入し、競合相手となったとする。そのとき、新興企業が攻めの経営をしてきても、相手に合わせなくてもよい。自分たちと同じ土俵（シェア）に相手が上がるのを待ち、まずは出方をうかがうのだ。

相手は意気盛んに経営資源を次々と投入し、シェアを奪おうとしてくるだろう。それに対して、こちらは既存の顧客だけはとられないよう対策を打つことが必須となる。

そのうち、前のページで紹介した④～⑥で勝るこちら側が優位に立ち続け、シェアを守り抜ける。

そして、そのうち、相手はジリ貧となっていき、下手をすれば、事業から撤退していくだろう。

タイミングを見計らって反撃する

国土・地形の特徴や国民の性格・習慣・気風によって防御の計画は、有利な、あるいは不利な影響を受けるのである。攻撃か防御かの選択は、敵の計画、両軍の将軍の特徴によって決定される。

（第6篇8章）

あらすじ

防御における抗戦は、その反撃の時期により4つに分類される。①侵入した攻撃側を即攻撃 ②国境付近を占領し、攻撃側が陣前に進出するのを待ち受けて攻撃 ③陣地で攻撃側を破ったのち攻勢に転じる ④自国に敵を深く引き込んで攻撃する。

防御が攻撃に転じる時期が遅いほど、効果は大きい。ただし、防御が受動的になるほど負担は増大する。どの時期を選ぶかは、地形などの諸条件によって決まる。

解説

攻撃側の攻勢が弱まれば防御側が攻勢に転じる

防御は、攻撃側を弱体化させたいときに、一時的に行われる戦術である、とクラウゼヴィッツは述べている。そうして攻撃側の攻勢が弱まったころを見計らい、反対に攻勢に出るのだ。そのタイミングは4つがあるという。

反撃のタイミングは4つ

①攻撃側が戦域に侵入したらただちに攻撃する。

②防御側が国境付近に陣地をつくり、攻撃側が陣地の前まで進出するのを待ち受けて攻撃する。この方法は待ち受ける時間が長くなる。そのため、①の反撃にくらべて敵軍が攻撃の決心をためらい、戦いが起こる確率が低くなり、時間が稼げるというメリットもある。

③防御側が、国境付近の自陣で攻撃側を待ち受けて攻撃する。

④自国の奥深くまで攻撃側を招き入れて反撃する。ナポレオンはロシア遠征の際、この抗戦で敗北している。

弱った相手のすきをつく

１７７ページで自分の土俵に相手を上がらせてから戦うことを紹介した。そのうえで、相手を攻めるタイミングが、解説ページで紹介した①～④である。具体的に見ていこう。

①は相手が事業に参入してきた直後に、新サービスを展開して事業の付加価値を高める。いわば機先を制する形だ。②は相手が初めてサービスを発表した直後にそれを上回る新サービスを展開することだ。

③と④はどちらも、相手が景気よく打ち出したサービスが出尽くしたのを見計らってから、こちらが新サービスを展開することだ。

いずれも、相手が弱ったすきをつくことだ。

反撃の4つのタイミング

①攻められたらすぐに反撃

②攻めに対抗して反撃

③準備を整えて反撃

④相手が最も油断しているときに反撃

相手のすきが反撃の好機となる

敵を引き込んで一気に攻める

我々は、国土の内部への自発的な後退を1つの独立的な抵抗方式と見なしてきた。すなわち、この場合、敵は武力によってではなく、みずから招いた困苦によって破滅に至るのである。

（第6篇25章）

あらすじ

防御側が自発的に国内へ後退し、敵を内部に誘導して攻撃することは、攻撃側を疲労困憊《こんぱい》に陥らせ、自滅させる間接的な抵抗である。

防御側は戦力を消耗せずに、巧みに会戦を避け、しかも攻撃側に対し、抵抗を継続しつつ、その戦力を消耗できる。

この防御法を行う条件は、広大な国土と長大なる交通網を持つことである。さらにやせた土地、愛国心の強い国民、天候の不穏な季節があるなどの要素があれば、さらに防御側に有利となる。

解説

デメリットを覚悟して最終手段を決行する

後退しつつ機を見て反撃

攻撃側が前進すると、死傷や兵站の護衛で戦闘要員は減っていく。そこで、わざと敵を自国内に誘導し、交戦を避けつつ前進させるのは、防御側にとってメリットのある防御方法だ。

この防御法は、ナポレオン率いる60万ものフランス軍が攻めてきた際、ロシア軍が実践している。

ロシア軍は、フランス軍との戦闘を避け、都であるモスクワまで後退しながらその道中の都市などを焼き払っていく。占領地での補給に頼っていたフランス軍は困窮する。何とかモスクワにたどりつくも寒波が到来し、ロシア軍が反撃に出ると、フランス軍は撤退。帰国できた兵は9万程度だった。

なお、この防御法は国土の荒廃や国民の士気の低下を招くというデメリットがあるため、防御側における最終手段といえる。

油断を突いて反撃に出る

新事業を展開し始めた相手は、時間が経つほど、新事業を軌道に乗せようと、経営資源を次々に投入していく。

しかし、そうして順調にシェアを奪っていくと、相手は油断して、資源の投入を控える動きを見せるだろう。そのときが反撃のチャンスとなる。

こちらは持てるだけの資源を投入して、相手を上回るサービスなどを展開し、取られたシェアを一気に奪い返すのだ。相手は新たな資源を調達するのに時間がかかっており、こちらの動きにすぐには対応できない。

ただし、このタイミングでの反撃は、相手に奪われたシェアをすべて取り返せるとは限らないため、こちら側もダメージを負う覚悟が必要だ。

戦いの目標を明確に定めておく

戦争の目標は、敵の打倒であり、その手段は敵の戦闘力の撃破である。このことは攻撃と防御の両方に当てはまる。防御は、敵の戦闘力の撃破によって攻撃に移行するが、攻撃は、敵の国土の占領に帰結する。したがって、国土の占領は攻撃の目標である（中略）。

（第7篇3章）

あらすじ

攻撃側は必ずしも終始攻撃をするだけでなく、補給時などに必然的に防御が行われる。一方で防御側も逆襲という攻撃的要素と不可分なのである。そして、攻撃・防御ともにその最終的な目的は、敵を壊滅することにある。

具体的には、防御側は敵の撃破後に攻撃に転じ、敵を自国から追い出すこと、攻撃側は敵を撃破して敵の国土を占領することとなる。であるから、戦略的攻撃の目標は、敵の国土であり、1地方、1区画、1要塞も対象となる。

これらの目標は、講和を結ぶ際に交換物としての価値を有する。ただし、指揮官によるこれら攻撃目標の確定は、戦争の推移で決められて当初は不明確なことが多いので、早めにはっきりさせておくべきである。

解説

目標を定めておかないと戦力の低下を招いてしまう

攻撃側と防御側の目標

防御側の目標は、反撃により敵を弱体化したのち、攻勢に転じ、敵を国土から追い出すことにある。

一方、攻撃側は敵国に攻め込んでその国土を占領することが目標となる。このとき、国土だけでなく、1つの地方や都市、要塞などを占領してもよい。それらは敵と講和する際の交渉材料になるからだ。

現実的戦争においては、自軍が保有する戦力の規模によって、一国から村落までが攻撃目標として設定される。ただし、占領する目標を指揮官が明確に定めていることはめずらしく、大抵は状況に応じて決められるという。だが、それでは敵国内での戦闘が重なり、戦力や補給物資が減っていくという問題が発生するため、目標ははっきりさせておいたほうがよい。

明確な期限を定めておく

ライバル企業とのシェアの奪い合いは、自由競争の原則からすれば当たり前に起こることだ。

しかし、互いに引き際を誤ると、相手企業ともども、経営資源を多大に消費させ、企業体力を低下させてしまう恐れがある。

そうならないためにも、あらかじめ目標を定めておく必要がある。経営資源の投入量や、数カ月から数年といった期限を決めておく。場合によっては、相手との手打ちも視野に入れておかなければならない。

いったん競争から引いたとしても、時間を空ければ、相手のシェアを奪うチャンスが、めぐってくるかもしれないからだ。

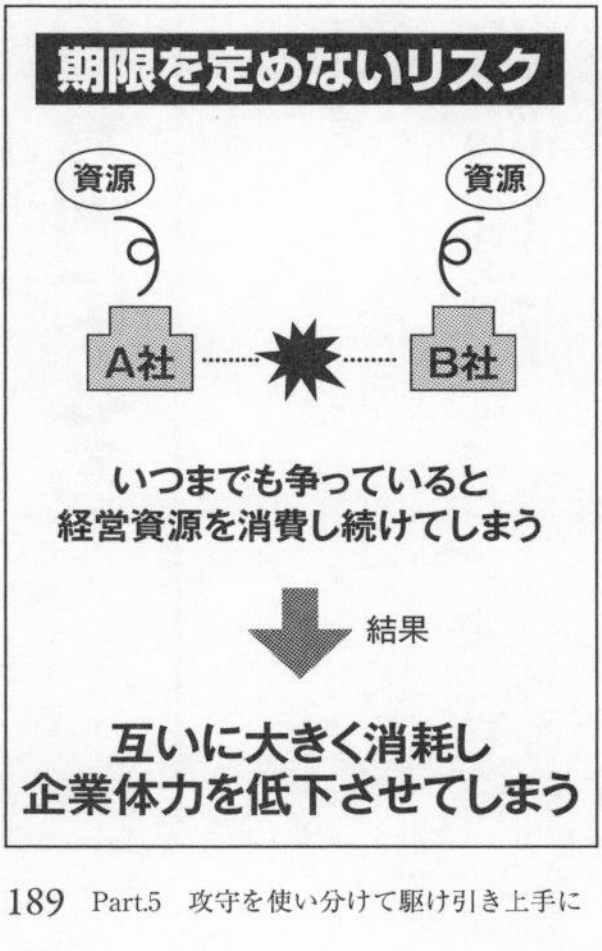
期限を定めないリスク
資源
資源
A社
B社
いつまでも争っていると
経営資源を消費し続けてしまう
結果
互いに大きく消耗し
企業体力を低下させてしまう

攻撃側の不利は防御側の有利になる

我々は、攻撃自体に防御、しかも非常に弱い形態の防御が混在せざるを得ないことがまさに戦略的な防御の優越性の理由の一部であることを忘れてはならない。

（第7篇2章）

あらすじ

戦略における攻撃とは、攻撃と防御の絶え間ない交代と結びつきである。戦略的な防御がつねに攻撃的要素を含むように、戦略的な攻撃にはつねに防御を含む。

攻撃は、連続かつ一気にその目標を達成することが不可能である。そのため、攻撃を休止する時間を必要とし、これが防御の時間となる。また補給路が長くなるので、その護衛に防御的要素が必要となる。

この攻撃にともなう防御的要素は攻撃を弱化させ、行動をさまたげる。さらに、普通の防御とくらべてもろい。

解説

攻撃側といえども防御をしなくてはならない

攻撃側の不利は防御側の有利

戦略レベルの攻撃は、2つの防御的要素を含んでいる。1つは攻撃を休止する時間、もう1つはまのびした補給路を守ることだ。

攻撃が長期間にわたると、1回の攻撃ごとに休止する時間が必要となる。その間、攻撃側も防御に徹さなければならない。次の攻撃に備え、食糧や弾薬の補給、兵士の休息が必要だからだ。

また攻撃側は、敵国に侵入するため、補給路の維持が絶対となる。ロシア遠征でナポレオンが敗れた要因の1つも、補給線を断たれたことにある。

この戦略的な攻撃に含まれる防御によって攻撃側は弱体化する。防御側の国土に侵攻するほど、補給路を防御するために戦力が割かれるからだ。

攻撃から防御に回ることは、防御側にとっては有利となる一方、攻撃側においては最も不利となる。

相手の反撃に備えておく

新事業に参入する場合、すでに事業を展開する相手が大きく立ちはだかる。場合によっては、その相手と長期的なシェア争いをくり広げることになるだろう。

それを覚悟して、相手からシェアを奪おうと、新サービスを次々と打ち出していっても、いつかは打ち尽くしてしまうときがくる。すると、そのときをねらって、相手側はシェアを奪い返そうと、新サービスを展開してくる可能性がある。

これに備えて、予備のサービスを用意しておいたり、すでに打ち出したサービスを補強するキャンペーンを展開したりするなど、事前に対策を講じておく必要がある。

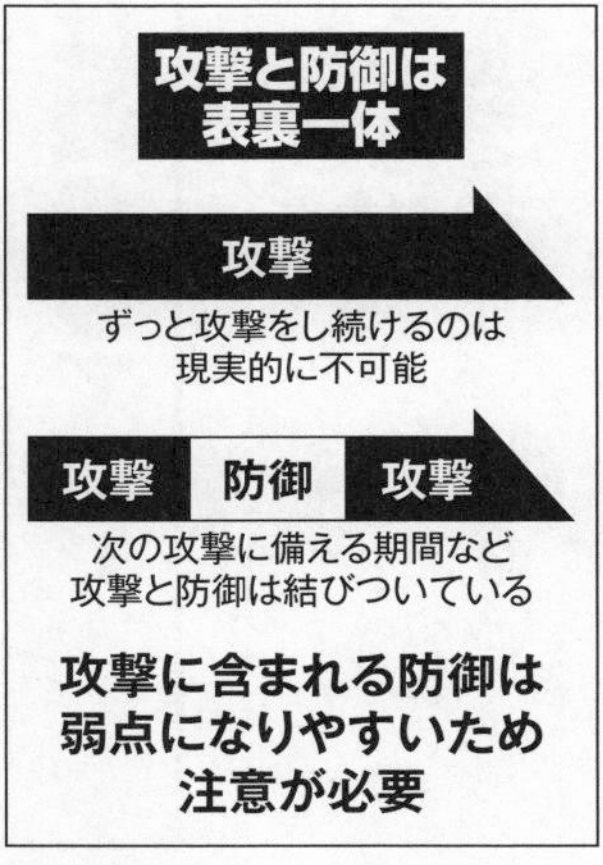
攻撃と防御は
表裏一体
攻撃
ずっと攻撃をし続けるのは
現実的に不可能
攻撃
防御
攻撃
次の攻撃に備える期間など
攻撃と防御は結びついている
攻撃に含まれる防御は
弱点になりやすいため
注意が必要

攻撃をくり返すと戦力は減少していく

攻撃における戦闘力の減衰は、
戦略の主要な考察の対象である。（中略）
行動方針に関する
正しい決定ができるかどうかは、
これを正しく評価することに
かかっている。

（第7篇4章）

あらすじ

攻撃を続けるにあたって、避けることのできない戦闘力の低下という問題は、次のいくつかの原因で生じると考えられる。①敵の領土を占領しようという攻撃目的 ②補給路を確保するため ③戦闘における損耗と病気 ④補給基地との距離 ⑤要塞の包囲と攻撃 ⑥肉体的な困苦と疲労 ⑦同盟国の離反、だ。

攻撃側の戦力の低下により、防御側の戦力が上回ると逆襲に転じられるので、戦力差をつねに的確に把握しておかなければならない。

解説

攻撃側の戦力が減れば防御側に攻撃の機会を与える

戦闘継続によるデメリット

攻撃側の戦闘力は、たび重なる戦闘や補給線によって減る。攻撃目標である防御側の領土を占領しても、取り返されれば、再度占領するまで戦闘はくり返されるからだ。

そうして戦闘のたびに、兵士や銃弾、兵器などを大量に消耗していくうえ、行軍と戦闘で体力が低下した兵士は病気になりやすい。

敵領内をそのまま突き進んでいくと、後方に位置する自軍の補給基地から遠ざかり、補給や増援が困難となる。さらに、補給部隊を長距離にわたって護衛するのに、兵力を割かなければならない。

攻撃側の戦力が減るのにともない、防御側の戦力も同時に減っている。防御側の戦力を上回っていれば、攻撃側は攻撃を続ければよいが、下回ると防御側が逆襲へと転じる。

完敗する前に手を打つ

新規事業に参入する企業と、その事業分野ですでにシェアを持っている企業との間で競争がくり広げられた場合、どちらか有利だろうか。答えは、当然、すでにシェアを持っているほうだ。

その事業が相手企業にとって基幹事業であるなら、惜しみなく経営資源が投入される。

その一方で、新たに参入する企業側は、豊富な経営資源を準備していない限り、競争を勝ち抜くことは難しいだろう。

想定していた事業資金が尽きてしまう前に新たな事業資金の調達など、何らかの手を打たなければ、最悪、事業からの完全撤退に追い込まれるかもしれない。

「攻撃」と「勝利」には限界点がある

攻撃側が防御に転移して
何とか持ちこたえて
講和を待つだけの戦力にまで
至るのが通例である。
このような点にまで至ると、
反撃による逆転が起こる。（中略）
このような点を我々は攻撃の限界点と呼ぶ。
（第7篇5章）

あらすじ

攻撃側は、前進すればするほど戦力を減らす。それでも攻撃側は、有利な講和を結ぶため、優勢を保たなければならない。

通常、攻撃側は一定以上の戦力に減れば防御へ移り、講和を待つ。このとき、防御側は一転して激しい反撃を始める。この転換点を「攻撃の限界点」と呼ぶ。

勝ち続けることは困難であり、そんなときに「勝利の限界点」を迎えることがある。勝利は、物理的・精神的な力の総和が、敵より優勢なら生まれる。この優勢は、勝利や戦果によっても増大する。しかし、それにも限度がある。

解説

限界点を見逃すと情勢は敵方の有利に傾く

いつかは訪れる限界点

攻撃側は、防御側の国土への侵攻により日に日に戦力は減るが、講和まで優勢を保てれば、目的は達成される。

しかし、攻撃側が優勢を保っているとき、攻撃側と防御側の間で立場の逆転が起こりやすい。攻撃側が防御に回り、防御側が攻撃に転じるからだ。この転換点を「攻撃の限界点」という。

戦争において勝ち続けるというのは難しい。いつかはそのピークの瞬間が訪れる。これを「勝利の限界点」という。クラウゼヴィッツはこの限界点を迎えたなら、攻撃側は、防御へと切り替えるべきだと論じている。

なぜなら、人間は大きな成果を上げると欲望を増大させる傾向にあり、慢心が生じやすいからだ。そのすきにつけ込んでくるかのように、それまで防御に徹していた敵軍が猛烈な反撃をしかけてくる可能性がある。

限界点を見極める

新事業の展開がうまくいき、その分野で一定のシェアを獲得したとしよう。しかし、この勢いに乗って、このまま一気にシェアを拡大しようとするのは危険だ。いつまでも勢いが続くとは限らないからだ。

競合相手は表向きこそ活発な動きを見せず、裏では新サービスの準備をし、頃合いを見計らっているかもしれない。または、シェアの拡大を苦々しく思っていた複数の競争相手が手を組んで画期的なサービスを展開してくるかもしれない。

「勝って兜《かぶと》の緒を締めよ」ということわざがあるように、気をゆるめず、潮時を見極め、競合相手と一度丸くことを収める道を探るのがよいだろう。

Part.6
すべての指針は計画段階で明確に

計画の立案時に目標と目的を定める

戦争計画は、
あらゆる軍事行動を総合し、
これらを1つの
最終目的を有する作戦に合一する。
そして、そのほかの個別の目標は、
この最終目的に合わせて調整される。

（第8篇2章）

あらすじ

戦争を開始する際、戦争の目的を考慮し、戦争計画を策定し、戦争遂行の方針を決め、必要な手段や戦力を調達しなければならない。

戦争計画とは、すべての戦争行為を総括して1つの行動とし、最終的な戦争の目的を確定するものである。

戦争計画の立案にあたり、戦争の性質である絶対的戦争と現実的戦争を把握しなければならない。２つは対立する概念であるが、基本的には絶対的戦争観に諸事情が加味され修正される。

解説

戦争の全容を把握しないと国が滅ぶ可能性がある

絶対的戦争と現実的戦争

戦争計画は、いわば戦争の設計図であり、戦闘や作戦の目標が定められる。戦争計画の立案の際に重要なのは、戦争の目的と目標の確定である。なぜなら、それによって戦争の規模や必要な物資といったリソースが決定されるからだ。

さらに、完全に敵を打倒する「絶対的戦争」か、優勢な状態で終わる「現実的戦争」かを、戦争計画の立案時に考慮しておくべきなのだ。

またどんな戦争であっても、戦争の特質と規模を把握しておく必要があるという。もし起こった戦争が、絶対的戦争だったなら、敗北した場合、国が滅亡してしまうからだ。

そして、ナポレオンの登場によって戦争のあり方が、それまでの現実的戦争から、絶対的戦争へと向かいつつあるという。

強引に手に入れようとしない

自由競争の原則が働く、ビジネスの世界においてM&A（合併と買収）は、一挙に事業を拡大する方法の1つとしてよく使われている。

そのM&Aの中で絶対的戦争ともいえるのが、敵対的買収だろう。ただし、強引な手法で目当ての企業が買収できたとしても、買収された側の社員のモチベーションは下がり、退職者が相次ぎ、せっかく買収した企業の運営ができなくなるかもしれない。

そこで出番となるのが、現実的戦争だろう。こちらをM&Aの手法でいうのなら、共同出資による新会社の設立や、吸収合併が該当するだろう。

無理に買収するよりは、こちらの手法を第一に考えておくべきだろう。

敵の重心を見極めて攻める

この主要な関係によって、
すべてが
この点から発するような1つの重心、
すなわち力と運動の中心が形成される。
したがって、戦争においては、
あらゆる力をもって
敵の重心を打撃しなければならない。

（第8篇4章）